社会文化视野下的上海城市更新路径丛书

城市滨水地区复兴
本土样本与多维行动

莫 霞　　　王璐妍　　　张 强

Mo Xia　　*Wang Luyan*　　*Zhang Qiang*

著

上海文化发展基金会

图书出版

专项基金资助项目

上海科学技术出版社

图书在版编目（CIP）数据

城市滨水地区复兴：本土样本与多维行动 / 莫霞，
王璐妍，张强著. -- 上海 ：上海科学技术出版社，
2025. 1. --（社会文化视野下的上海城市更新路径）.
ISBN 978-7-5478-6860-7

Ⅰ. TU984.251

中国国家版本馆CIP数据核字第2024XB7159号

城市滨水地区复兴：本土样本与多维行动

莫　霞　王璐妍　张　强　著

上海世纪出版（集团）有限公司
上 海 科 学 技 术 出 版 社　出版、发行
（上海市闵行区号景路 159 弄 A 座 9F-10F）
邮政编码 201101　　www. sstp. cn
上海展强印刷有限公司印刷
开本 787×1092　1/16　印张 11.5
字数 140 千字
2025 年 1 月第 1 版　2025 年 1 月第 1 次印刷
ISBN 978-7-5478-6860-7/TU·358
定价：98.00 元

内容提要

近年来，我国城市更新在政策及规划体系建构、制度与机制配合方面不断完善，积极探索高质量发展模式、营造高品质生活空间。当前阶段，上海在城市更新工作中强调紧紧围绕城市总体规划，强化城市功能，拓展发展空间，提升区域品质，增进民生福祉，突出内涵发展，提升公共服务与环境品质，进而彰显城市魅力和吸引力——这是上海城市更新的核心目标，也是滨水地区复兴的指引方向、实施路向。

本书基于对各国国际化大都市及上海市各类型城市滨水地区更新实践特征的梳理，从多元整合和价值提升的双重视域，进行滨水地区更新规划实践策略思考，总结本土案例特征、技术手段、实践路径，探索如何借助多维规划设计实践行动，发挥滨水地区的历史人文、生态景观、空间资源优势，打造更本土、更亲民的市民日常生活岸线，助力上海建设新时代人民城市——当我们将城市滨水地区复兴置放于真实的生活场景、融入自然之中，这必然不仅仅是关于技术管控，或是对城市资源配置、经济价值的实现，而是承载了更深层次的社会和发展活力激发，以及可能的发展机遇、更美好未来生活的打造。

序 一

上海因水而兴，"一江一河"是上海城市的血脉。外滩是上海近代城市发展之源，之后有了上海的十里洋场，大马路至四马路的商业繁荣均源自外滩。浦江两岸、苏州河畔又是中国工业的发祥地，曾经工厂、仓库、码头林立。上海作为对外开放的口岸、移民城市，因繁荣的工商业、曾经的新文化运动高地……造就了海纳百川、大气谦和的城市特质。以世博会为契机，上海进入了城市功能的转型阶段，也进入了以保留历史记忆、传承城市文脉为突出理念的谨慎渐进式、常态化的城市更新阶段。城市滨水区域往往是城市更新的重点，而厚重的历史文化承继与城市新生活方式的结合则是滨水区复兴的要素，是延续城市滨水区活力和推进城市进一步发展的新动能。黄浦江和苏州河滨水岸线实现贯通后，两岸正从工业、仓储、码头等生产性区域转变为以公共空间为主的市民江岸，两岸及其腹地的功能开发和服务提升，则成为未来两岸活力激发的重要内容，滨水岸线与腹地城市功能的紧密相连，以期承载更为丰富多彩的城市活动。黄浦江、苏州河两岸贯通已成为上海建设"卓越的全球城市"的代表性空间和标志性载体，也有力带动了域内丰富河流资源的滨水区域的共同发展。

本书对城市滨水地区复兴所做的比较性研究以及所采集的黄浦江、苏州河等滨水岸线城市更新的样本，从规划策略分析、历史沿革探寻和区域活力提升等方面进行了多维度的阐述；结合骨干河道两岸更新实践的剖析与解读，梳理了河流与城市空间发展格局的脉络关系，从规划和城市设计的专业视野，对区域更新与河流两岸贯通进行整体性思考与实践，旨在延续区域历史人文基因，承载现代生活需求。像书中所展示的徐汇区龙华港这条曾经的重要通航河道，仍然发挥着东西向城市空间骨架的功能，特别是它的两岸作为历史文脉的重要载体，不仅分布有海事塔、龙华寺、龙华塔、龙华烈士陵园等历史建筑，还承载着"龙华十八弯，弯弯见龙华"等口口相传的历史故事，以及当下依然在龙华港两岸生动上演的龙华晚钟、新年祈福、龙华庙会、周末集市等广受民众喜爱的传统习俗，也正是城市基因传承的"延续性"体现，是滨水地区不可或缺的人文价值。究其本源，则是滨水区域与民众世世代代、生生相息的血脉关系。

将城市滨水区域的复兴融入城市现代生活场景，也正是始于足下的本土样本与多维行动的价值所在。城市因有了故事而精彩，刻在城市每一个角落的沧桑造就了上海这座城市的格调，也成为城市不断前行的源泉。感谢本书作者对城市滨水地区复兴的专业思考和关于江河水所孕育的上海故事的倾情续写。

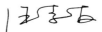

华建集团华东建筑设计研究院资深总建筑师

全国工程勘察设计大师

序 二

城市，作为人类文明的结晶，一直在不断地发展与演变。在这一过程中，滨水地区作为城市的重要组成部分，承载着历史的记忆，也映照着现代的活力。它们不仅是城市与自然水体交汇的边界，更是文化、经济和社会活动的重要舞台。随着工业化和城市化的快速发展，许多城市的滨水地区逐渐显现出环境退化、功能单一、空间割裂等问题，这些问题不仅影响了市民的生活质量，也制约了城市的可持续发展。

在《上海市城市总体规划（2017—2035）》描述的城市发展愿景中，突出以人民为中心的本质要求，在经济、社会、环境维度提出创新之城、人文之城和生态之城的总体建设目标，多维度关注人的需求将是城市未来发展目标的共同特点。上海将落实总体规划的工作重心落在了城市更新领域，以持续优化城市功能、提升公共服务与公共空间品质、增进人民幸福感为目标，向着卓越的全球城市不断迈进。由莫霞、王璐妍、张强所著的《城市滨水地区复兴：本土样本与多维行动》，正是当前城市更新大背景下，围绕上海滨水地区鲜活实践的记录和总结，其中既有对黄浦江、苏州河两岸代表性案例的介绍，也有对家门口那条小河道的讲解与设计，是一本多维度解读上海滨水地区更新的工具书、故事书。

本书通过对各国国际化大都市及上海市各类型城市滨水地区更新实践特征的梳理，并结合具体的案例分析、策略归纳、实际效果与社会影响等方面的内容，旨在探讨和分析城市滨水地区复兴的多元理论与多样化实践，探索多维度的设计策略和行动方案。书中从城市功能、公共空间、蓝绿基底、历史文化、居民生活等多个维度，详细阐述分析了实现滨水地区复兴的设计策略和关键要素。这些策略不仅包括了具体的技术手段，如多元复合的功能、多样化的空间组织、历史文化的融合再生等，也包括了更为宏观的规划理念，如战略引导与整体更新、城市风貌的管控、实施平台协同等。难能可贵的是，书中对城市滨水地区复兴的认知不仅仅是空间的重建，也是广大市民生活场景的重塑，更是文化的传承和创新。它需要我们重新审视人与自然的关系，重新思考城市与水的和谐共生。

当下，随着滨水地区的功能换新、建筑改造、环境营建，市民的日常生活与之关联也越来越紧密。滨水地区从城市空间的连接纽带，慢慢成为日常生活活力带和在地文化展示带，也不断映射出人民对美好生活的新期许。将城市滨水生活回归水岸地区复兴与真实生活场景关联，为打造更有温度的滨水地区提供了多种可能，这也正是本土样本与多维行动的价值所在。

上海市城市规划设计研究院原院长

目　录

导论

城市滨水地区复兴：
关注人的需求，多维行动共构

人类依水而居，城市因水而兴。当今城市生活中，滨水地区无疑已经成为承载历史文化、体现城市气质、满足多元活动需求的核心承载之一。今天的人们与"水"更加临近，滨水生活构成了人们日常生活的一部分，人们所处的社区与"水"的联系也更为密切、结合则更为紧密。在建设"卓越全球城市"的背景下，作为河网密布的、典型的河口海岸城市，上海的"一江一河"工作正顺利实施、逐步推进，上海的黄浦江、苏州河两岸更新建设已取得显著成效；与此同时，城市内河两岸的区域复兴提升，在当前日益紧迫地被列入日程，内河空间已成为政府、各区县城市建设的重点。如何将更多更好的滨水资源让渡于民，充分发挥滨水地区的社会价值、经济价值和人文价值，构成滨水地区复兴重要且紧迫的现实问题，亟须理论应答与实践应对。

见证城市变迁、引领城市格局的黄浦江、苏州河，是上海的母亲河，也是城市生态网络和空间发展结构中最重要的骨架之一。在今天，"一江一河"滨水地区已成为上海全民共享的高品质公共空间典范，贯通、开放、融合、焕新。2019年11月，习近平总书记在考察杨浦滨江时，首次提出"人民城市人民建，人民城市为人民"的重要理念，这既是对"一江一河"滨水区建设的最大肯定、最高褒奖，也赋予了上海建设新时代人民城市的新使命。以此为契机和发展目标，上海亦将内河水系两岸空间品质提升列入日程，积极引导滨江公共空间沿黄浦江支流河道、道路街巷、绿化走廊等向腹地延伸拓展，继续扩大滨江贯通的辐射效应，构建滨江与腹地网络化公共空间体系。关联上海总规中"通江达海"的蓝网绿道规划要求，承载人文之城、生态之城的发展目标，以水岸地区更高质量发展为导向，也使得内河网络建构、骨干河流提升、滨水空间特色引导等成为满足人们多元化需求，承载生活和就业的重要内容。

作者在《城市设计与更新实践：探索上海卓越全球城市发展之

路》（2020）一书中提出，功能、空间和环境构成了滨水地区更新实践的三个重要维度，带给城市发展极其有益的影响与作用力，并为城市提供发展的契机、重塑地区特色与形象，也为周边社区和居民生活提供吸引人的场所和服务空间。因此，本书第一章首先聚焦城市滨水地区的更新发展，从滨水地区的功能与发展转型、多元价值承载、滨水空间特征及环境与特色营造等方面展开分析解读，以帮助我们理解当前滨水地区城市更新与转型的基本思路与方法；以此为切入点，第二章借鉴国内外理论及实践经验，探讨滨水地区建设发展范式转变与关联要素，为本书的核心观点建立脉络框架。

在此基础上，本书着重将理论观点与规划设计实践关联起来，进行不同层次、不同类型案例的阐述说明，并启发渐进实践的多种可能的思考等——这些案例也将论证城市滨水地区更新的策略与方法是如何运用于不同情况的实践项目中并发挥作用的。因此，本书第三章重点基于上海市各类型城市滨水地区更新实践特征的梳理，从多元整合和价值提升的双重视域，进行滨水地区更新规划实践策略的整体性思考，概览式地展现既有经验为城市及区域的更新发展所发挥的作用，为上海这样国际大都市滨水区的更新思路和策略方法提供了重要借鉴。无论是系统型、持续型、还是激活型的滨水地区更新发展，实际往往都内含多种策略的耦合作用，并结合实践演进的过程得以具体化地显示出这些策略是如何发挥作用，并如何层次性地衔接、渐进性地逐步推展的。

继而，关注从本土实践到技术方法的进一步落实和应用拓展，本书结合上海市近几年大力推进的多层次的滨水规划设计实践，涉及城市设计、专项规划、控规调整、微更新等多种类型，密切关联前几章中提及的主要观点，进行实践案例和技术应用分析。其中，第四章"面向未来：战略引导与整体更新"通过黄浦江和徐汇区"蓝色网络"系统规划，剖析其如何紧密结合城市格局、政策导向等，制定战略目标与行动计划，挖掘与整合滨水地区资源优势、区域特色，借助多个专项的深化研究与技术探索，促进整体格局与长远利益的实现；第五章"基因传承：在地性与历史风貌提升"结合对于构成上海内河水系的骨干河流及处于更新中的典型滨水地区实践发展案例的考察与分析，关联更大范围的规划设计与建设背景，聚焦历史文脉、地域特征、空间特色、景观风貌等关键内容，分析所采用的复合性的、渐进式的技术手段等，强调使滨水地区的更新与建设融入城市网络，凸显因地制宜的、本土特色介入城市更新的方式，激发滨水地区持续的发展活力，亦为居民提供更好的在地性服务，为城市的建设发展提供多样化的选择和新的可能性。

第六章"存量盘活：公共空间复兴与生活焕新"则是重点关注滨水地区作为重要的公共空间，其更新往往可以带动区域转型、释放空间，促进设施与品质提升，强化地区历史文化特色等，结合滨水地块更新、市政设施节地利用、空间艺术及文化赋能等不同实践案例的剖析，分析有益的规划设计手段与管理运作方式，探索以城市生活焕新为目标的滨水公共空间复兴。这一章的内容可能更加微观，但十分富有针对性的，有助于我们去理解从更加宏观的滨水地区战略层面、片区整体更新的范畴，在延续滨水地区基因传承的导向下，如何采取复合性的、针灸式的手段，借助一定区域或场所的营造提升、要素激发，有效促成地区功能转化、发展转型，从而使滨水地区的更新在为人们提供生活空间纽带的同时，也进一步融入城市整体格局，提供持续发展活力。

总体来看，在存量背景与区域复兴目标下，结合这些规划设计实践案例，本书总结提炼规划目标与框架、项目进程、文脉延续、规划技术策略与实施保障等核心内容，针对城市滨水地区更新和转型发展所面临的多方面的问题，提出具有针对性的研究总结和价值判断，探讨规划设计如何结合用地开发动态，实现水岸联动发展；如

苏州河滨水

何利用消极地块，实现用地功能转型与土地增效利用；以及如何协同不同专业和部门开展各层面的规划与管理工作，等等。

在开始撰写本书之际，已有一些成熟的城市滨水地区更新与规划设计研究相关的图书，并具有开阔的视野与极强的参考性。本书则具有自身的特点与优势，深度诠释了上海这样的国际大都市，在重中之重的滨水地区建设与更新发展方面，所做出的极大努力与丰富贡献，尤其体现出近五年的彰显民生导向、凸显本土特色等诸多规划设计举措，可以为滨水地区建设与更新发展提供可实施操作的具体指导，以及帮助理解城市滨水空间营造所关联的各层次的规划设计如何衔接、协作、融合，进而促进共生、共享，激发地区活力发展。此外，本书特点还在于建立了理论与实践的更为紧密的一种联系与呼应关系，进而总结提出了综合性的结构与观点，并附以简明清晰的图片和文字注解予以辅助；本书收集了许多的规划设计项目、制度要求和政策建议，既体现出对特色项目的深度描述和项目负责人观点的阐述，也集合了诸多专家的意见和建议，包括规划师、城市设计师、建筑师、政府工作者、规划委员会委员及相关市民等，可以为不同层次的读者提供观察视角与借鉴参考。

第一章

滨水地区:
城市的更新与转型

1.1 滨水地区的功能与发展转型

　　滨水地区对于人类有着一种内在的持久的吸引力。无论从自然的角度、社会的角度、人文景观的角度，还是从人自身的角度来看，滨水地区都是人类聚居地的首选。"凡建邑，必依山川而相其土泉。"城市择水而建，市民依水而居，河流往往是城市发展的起点，水系成为城市的生命血脉。在古代，江河为城市提供了稳定的水源与肥沃的土壤；随着文明的进步，江河由于水运的兴起，成为城市物资运输的重要通道；在近代工业化阶段，江河对城市的作用更加重要，扮演着水源、动力源、交通通道、污染净化场所等各种功能综合于一体的关键角色；在现代，江河更是进一步在城市生态建设、拓展城市发展空间等方面显示出其不可替代的意义。

　　从功能演替的角度来看，滨水地区经历了从产业基地（码头、运输、工业）到城市形象舞台（商务区）再重返市民生活（商业、商务、文化等功能复合区域）的过程（图1.1）。而结合水体对城市区域的适用性，可将当代城市水体功能概括为六大功能：防洪除涝功能、生态保育功能、生产功能、生活服务功能、景观休闲功能及历史文化功能（表1.1）。

　　城市滨水地区是河流最为邻近的城市区域，与人们的体验和认知息息相关，包括河流及与其水体相连的水面，两岸区域内的建筑、街道、广场，以及跨河桥梁、可以建立视线联系的景观区域等，并往往在功能上与河流相互关联，或者有历史、文化、传统活动等方面的延续与体现。

　　城市滨水地区往往构成城市发展的核心地带，并与城市的发展演进息息相关（图1.2）。早期城市滨水地区以被动地治理城市衰退地

图 1.1 浦东滨江"船厂 1862"及周边公共空间（拍摄：周俊）

注：始建于 1862 年的上海船厂，曾是中国现代工业文明的发源地之一。自 2005 年船厂整体搬离，曾经的工业厂区逐步转换为金融中心，其中船台原址和最靠近黄浦江的上海船厂造机车间作为历史遗迹被保存下来，并由建筑大师隈吾亲自设计进行改造，最终形成一个 26 000 平方米的时尚艺术商业中心。

表 1.1 城市滨水地区主要功能分类及意义

功能分类	功能意义
防洪除涝	分洪调蓄，城市污水排放、雨水排放
生态保育	保护生态环境和生物多样性，实现资源再生和高效利用
生产	工业、货运、客运、保障系统等所使用岸线而产生的效能
生活服务	维持城市模式和城市机能的运转，提高市民生活质量
景观休闲	滨水景观对城市整体形象的塑造
历史文化	呈现城市独特的文化底蕴，提供文化交流场所

区为主要目的。以欧美国家为代表，在城市产业结构升级的过程中，滨水区域逐渐衰退，建筑老化、人口减少、环境恶化、犯罪率升高，这类国家利用荒废了的滨河地区开发商业设施和住宅，带动滨水地区的改造重生，如伦敦港口、巴黎塞纳河、芝加哥滨水区、波士顿滨水区等。但当时的发展模式是一种迅速的、随机的模式，以经济利益为首要任务，更新内容限于单一的物质形式，在改造的过程中破坏了地方社会生活与经济结构，导致了新的城市问题的产生。

今天成功的城市滨水地区的更新与建设发展，往往伴随着很大的综合性和多元性，呈现出有机更新的开发模式。适当地保留历史建筑和环境，注重老建筑的保护和利用，延续滨河地区的历史文脉和场所精神，在整体环境上提高滨河环境的空间品质，使得现代滨水生活和城市历史文化得到很好的共存，城市得到真正的"更新"。例如，波士顿历史滨水区的开发、查尔斯顿滨水区改造、印第安纳波利斯市中央滨河地区开发、圣安东尼奥河畔区的改造、芝加哥滨水区综合开发设计、纽约曼哈顿下城哈德逊河畔的滨水游步道设计、新加坡河地区更新计划等，其更新改造都取得了很大的成功。

图1.2 深圳欢乐港湾将公共空间、艺术展示、商务商业等要素与城市发展互动与融合

1.2　滨水地区的特色与营造方式

不同尺度下水系具有不同的形态特征，并衍生出与城市发展不同的空间关系。从农耕时代开始，临近水源地满足灌溉需要就是村庄聚落的首要选择。其后进一步扩大规模形成城市，也都必然要依靠江河湖泊。在城市的形成发展过程中，江河作为最关键的资源与环境载体，在其两岸孕育出大批的繁华城市。临江城市一般有较为宽阔的江河在其外围或穿其内部而过，江河如同城市的发展动脉，如上海、广州、南京、武汉等城市，都是先沿江发展，后呈现为跨江、跨河发展。

区别于大江大河水系，城市内河水系对城市的影响则更多体现在其生态价值与景观价值上，具有供应水源、提供绿地、维持城市自然生境、调节城市小气候等各项生态功能，以及旅游娱乐、文化教育等功能。其滨水空间往往呈线性与面状相结合的形式，湖面尺度较小，水面与建筑结合紧密，河道宽度也较为适中，尺度相较临江式更为亲切宜人。城市中的内河水系与道路和建筑往往相互交织结合，呈网状分布。这类形态下的水系适宜营造亲水空间，以功能丰富的建筑群在城市中心形成特色鲜明的滨水地区。上海内河水系强调"通江达海"的骨干格局，并与今天上海城区的主要发展轴和核心功能区域密切结合，体现出城市不同区域的典型景观特色与居民活动承载；无锡、苏州、嘉兴、南通则是依古城河道及其内部水系发展起来的，河湖水系构成了当地历史传统与现代文化的结合点，成为城市景观的重要窗口。

总的来看，河湖水系空间不但塑造和承接了历史文脉、延续城市肌理，也包含了城市居民对水的不同情感。对于城市而言，借助水系独特的网络形态特征，可以与其所在地区的发展格局、功能承载、资源与环境等关联起来，并凸显对于当今城市发展特色与需求上的多元回应，促进地区特色的营造、活力的激发和吸引力的加强。具体可以体现在以下几个方面：

其一，容纳城市自然生态空间，引导可持续发展。城市河流和滨水地区特殊的空间环境拥有良好的潜在或现成的生态资源。遵循河流的自然规律为基础，结合其周边城市用地的特点及城市发展需求，可以创建生态、自然、人文和可持续发展的城市滨水地区，融合生态保护和休闲游憩功能，通过适当的人为干预措施恢复生态系统的良性循环、引导滨水地区的可持续发展。新加坡在城市水资源保护及可持续利用方面一直是先锋者的角色，其中对于加冷河（Kallang River）的改造尤为成功。加冷河全长约 10 千米，过去一直存在渠化严重、可达性低、洪泛危险等问题。因此，自 2007 年开始，新加坡政府决定运用生态修复治理方法对其进行提升改造。在项目中，巧妙应用原有渠化河段的混凝土石块，以自然堆砌的方式重新用于河道护岸、活动场地、草坡石阶等设计之中，环境改善的同时还将生物多样性提高了约 30%。

其二，构建城市公共开放空间，提高城市宜居性。城市水域往往构成城市中最具有活力的开放性空间，滨水区域的自然因素使人与环境达到和谐、平衡的发展，所以城市中具有开阔水域环境的区域，往往会成为当地居民喜好的居住首选地。公共开放的滨水空间可以为市民提供交流的平台，满足聚会、集合、娱乐、游憩空间需求，成为城市开放空间极富特色的一部分。同时，伴随今天滨水空间功能更趋多元复合，滨水地区也为城市功能的转型与城市复兴提供了更开阔的平台。比如，德国柏林施潘道（Spandau）水城位于柏林城市西端的哈弗尔河（Havel River）和施普雷河（Spree River）汇流处，二战前曾是兵器生产重地，土壤和水质均受到严重污染。1990 年德国统一以来，柏林地方政府就把城市滨水地带的复兴作为城市发展的主要课题之一。通过将原有生产性用地改造为居住、社会服务、办公、商业、文化、餐饮等混合功能的用地，以柔性的滨水界面恢复此区域成为富有魅力的城市商业休闲核心区，并结合滨水岸线灵活布局以步行道和自行车道。发展至今，这座城市两条主要河流（哈弗尔河与施普雷河）沿岸约 4 平方千米的工业、仓储和军事用地已经成功地回到了城市的怀抱，成为富有魅力的城市滨水住区。

其三，承载人文及环境特色，营造多样化景观。各城市在制定"生态城市""园林城市""绿色城市"等称谓各异的战略规划时，其本质上想体现的均离不开城市的自然山水风貌、历史文化积淀，以及反映城市精神面貌和市民对美好自然环境的追求和向往。事实上，不同的城市水系由于地理位置、文化底蕴、功能侧重点不同，水系的形态和面貌也存在差异性。因此，城市滨水地区建设与更新发展，必须充分解读城市历史文化背景，分析城市山水布局形态，将功能、景观与城市文化有机融合，促进水系与城市发展的良性互动。值得借鉴的如，丹麦首都哥本哈根是北欧最大的海滨城市，海港、运河、湖泊、海滨共同勾画出城市景观的轮廓，并以其各自独有的形式成为城市的滨水开放空间网络。哥本哈根的城市建设，结合 20 世纪中期的"指形规划"，以老城为中心，向北、向东、向南的海滨进行延伸，并将市民对环境的满意度作为考量指标，让市民能够更加接近滨水、体验滨水、享受滨水，促成城市新的滨水景观与形象的形成。

1.3 城市滨水地区的价值承载

可以发现，今天人们生活的重心逐步向滨水地区靠近和聚集，滨水地区往往成为城市功能精华的复合聚集带，呈现出更趋复合多元、高度开放共享、引领生活方式的趋势，凸显韧性平衡、自然亲和的生态低碳，彰显城市形象与品质，亦构成了城市格局生长和重塑的重要载体。其价值承载具体体现在以下几个方面：

其一，提供生态价值。在滨河地区的更新中，水是一种特殊的资源，是人类生存的基本条件和生产活动最重要的物质基础，对整个城市的生态环境有重要作用，也是展示城市景观魅力的重要区域。因此，保护水体及周边环境是必须重视的首要问题。良好的水质是形成一个高品质滨水地区的前提。城市滨水地区的更新一般都是从水污染治理开始的。滨水地区的更新设计是以河滨地区生态环境的改善为先决条件的。从国外滨水地区开发的经验来看，要想使滨水地区开发成功，治理水体、改善水质、美化环境是基本的保证。如果没有滨水地区生态环境的改善，则很难对人、对投资产生吸引力，其更新设计也就失去了前提。因为真正使市民们喜爱滨水地区的原因，在于滨水地区的环境质量发生了根本变化。

其二，关联城市形象。城市滨水地区往往是一个城市的门户所在，是最明显的视觉亮点与场所焦点，构成人们日常休闲、旅游观光、承办社会活动和节日庆典的理想选择地带，是城市吸引力的重要体现，有利于提升一座城市在人们心中的良好印象。在不同国家和地区，城市滨水区域的更新设计表现方式和追求目标不尽相同，但共同之处在于通过不同层面的城市设计，对滨水地区整体环境建设进行控制和引导，以创作充满活力的城市空间，美化城市的整体形象。

其三，联动交通脉络。滨河地区的交通组织往往更为复杂，它是滨河地区的骨架，其设置会影响功能、空间、环境等诸方面。因此，滨河道路交通系统设计应纳入周边地区、整个城市，乃至整个区域的交通网。在总体规划的框架下，进行有序组织，应提供多样的到达方式，如公共汽车、地下交通、水上交通等。在满足通达性的同时，还要体现人性化设计，将滨河地区的旅游资源、自然景观尽可能地展现于人们面前，打造无障碍绿色步行系统，实现人车和谐共处。

其四，体现景观特色。城市景观体系的构成要素主要是指城市中的实质景观要素，包括城市自然景观要素，如城市总体地形地貌、城市水体、城市绿化等；城市人工景观要素，如建筑形式与体量，城市环境设施与小品等。滨河景观体系随水体形态呈现凹凸、平直相间的自然形态，并与水的作用所产生的岛、洲、缓坡等天然地貌有机结合，赋予滨河区先天的空间形态美。且水体、建筑物以及桥梁、堤岸等各个要素的造型、质感、色彩及要素组合也塑造了滨河区景观独特的美学特征。它们的外在形体、风格蕴含着地方特色，同时与城市内在的精神风貌共同形成城市的美好形象，带给人美的感受，是滨水地区建设品质提升的重要抓手。

其五，承载人文历史。芒福德（Lewis Mumford）曾说过"未来城市的职责是充分发展地区的文化和个人的多样性与个性"。滨河空间的开发建设是现代人续写历史的过程，对历史文脉的尊重，不仅仅是对过去的感怀，也是对未来的负责。滨河地区的文脉和特色不是一成不变的，应不断注入新的内容，要有新的发展、新的形象，给后人留下高品位的、有生命力的作品。滨水地区的更新发展如何利用自身的历史文化资源，处理好新与旧的关系来延续城市历史文脉；如何利用自身地域特色，延续发展并形成可识别的场所，是成为城市滨水地区演进进程中最具有特色的一笔（图 1.3、图 1.4）。

图 1.3 哥本哈根城区鸟瞰图

图 1.4 哥本哈根 CopenHill 发电厂

注：丹麦首都哥本哈根市内水网发达、运河密布，因其水平的天际线被教堂和城堡的尖顶打破，而被称为"尖塔之城"。它的历史肌理由古老的城市结构、河道系统以及围绕这些特征发展起来的公共空间和绿色基础设施组成。这座城市中的滨水区在生态水体的基础之上，建筑、设施也与环境融为一体，如位于阿玛格尔（Amager）工业滨水区的 CopenHill 发电厂，它既是垃圾焚烧处理厂、发电和供热厂，又是绿色低碳和体育休闲综合体。

第二章

滨水地区发展相关理论与实践

随着城市不断变迁与发展转型，国内外好的滨水地区建设，其功能更趋综合、复杂和多元，利用模式更加整合和具有韧性，空间组织与人们的生活结合得愈益密切，营造形式也更加多样而富有特色。滨水地区在今天具有更为明显的生态、景观、服务、活动承载及区域联动的特质，构成城市品质与活力的重要体现，也是提升城市竞争力和魅力的重要载体。

2.1　国外相关理论研究与实践

国外城市滨水地区的发展围绕其功能的演变主要经历了三个阶段：一是前工业化时代，滨水地区主要承担贸易、港口和公共空间等功能。以水系支撑起城市的可居住性，大部分城市依水而建，于大江大河交汇处发源，并在此建立居住点和贸易中心。如 11—14 世纪西欧工商业城市滨水区的兴起和发展，形成了欧洲性的国际集市和港口。二是工业化时代，滨水地区主要承担着支撑产业发展及港口交通的功能，如美国的纽约、波士顿、巴尔的摩以及加拿大的蒙特利尔等城市。三是后工业化时代，滨水地区更多体现游憩和景观功能，构成提升城市生活品质的公共空间。

进入 20 世纪，随着城市化的快速发展，城市滨水空间逐渐成为城市发展的重要资源，滨水地区的发展在主要关注功能利用的基础之上，开始将重点转向综合开发，包括对滨水地区进行规划设计、建设、管理等多个方面的研究，并较多地围绕"滨水区"整体的综合开发与规划设计方法等展开。英国地理学家霍依尔（Hoyle）等（1988）在《滨水空间更新：理论与实践》一书中指出，滨水区因其特殊的地理位置具有独特的自然景观和人文资源，能成为城市发展的重要节点。通过滨水区的综合开发，可以有效地促进城市的经济增长、产业升级和人口聚集。滨水地区的改造和再开发不仅提升了城市形象，许多城市亦将滨水地区与周边区域进行联动发展，为城市带来了新的发展机遇。

随着环境保护和文化保护的日益重视，研究者们开始注重保护滨水地区的自然环境、生态系统以及相关的历史文化资源，并逐渐开始认识到这一类地区不仅仅是城市的一个功能区域，更是承载着城市自然、人文历史以及社会生活等的重要空间载体。金广君在《日本城市滨水区规划设计概述》（1994）中强调了滨水区规划设计的重要性，以及在规划设计中应注重自然环境的保护和利用，同时也要考虑城市的发展需求和公共空间的需求。特蕾莎·米歇尔森（Teresa C. Michelsen）在《滨水区复兴：多学科的规划设计方法》（1996）中指出滨水环境污染问题日益严重，人类应该从自身反省把治理河水污染放在首要位置。该书还强调多学科合作的重要性，包括规划、设计、生态保护、社会文化等多个方面。查尔斯·波特曼（Charles D. Boatman）在《滨水区的文化资源：地方认同和记忆的影响》（1996）中则探讨了滨水空间作为文化资源的重要性，关注了滨水空间的身份认同和记忆作用，以及如何通过保护和传承历史文化来增强滨水空间的吸引力。吉尼·德斯佛（Gene Desfor）等在《转变城市滨水地区的稳定与流动》（2011）一书中，聚焦于水岸区域如何在城市化进程中进行改变和重构，对稳定性和流动性进行了深入的分析，以揭示水岸区在城市化过程中的复杂性和多样性，探讨这种转变中遇到的挑战与机遇。马丁·普罗明斯基（Martin Prominski）等欧洲建筑、景观教授组成的团队在《河道·空间·设计》（2012）一书中强调，城市河流景观的设计应满足"防洪、开放空间设计和生态这三大主题在有限的空间内进行协调"的要求，并提出观点：重新考虑单一用途、大规模设计的河道，为有利于河流生态、改善防洪和扩大人类便利设施的河岸设计提供多维战略。波尔菲里奥·赫莱尼（Porfyriou Heleni）等的《重新审视滨水地区：从历史和全球角度看欧洲港口》（2016）探讨了港口与城市关系的历史演变，并通过考察城市领土和历史城市的复杂性和整体性，重新审视了滨水区的发展。他们认为通过确定指导价值、城市模式和类型以及当地需求和经验，城市可以将港口与城市结构重新连接来打破港口在空间、功能和形式上的孤立。

近年来，随着可持续发展和智慧城市等理念的兴起，城市滨水空间开发的研究进一步强化了可持续与智慧发展的方向。研究者们开始注重利用先进的技术手段，如物联网、大数据等，进行滨水地区的智能化管理和运营。同时，也注重在开发过程中实现经济效益、社会效益和生态效益的平衡。B·艾森伯格（B. Eisenberg）的《滨水地区的空间句法：德国汉堡》（2005）运用空间句法对汉堡滨水地区的空间结构、布局、人流、交通等要素进行分析，并对该地区的规划设计进行效果评估。尼尔斯·拉斯穆森（Nils Rasmussen）的《利用空间句法探索滨水城市设计：欧洲沿海城市》（2009）运用空间句法来对城市的空间结构、人流、交通流线等进行深入分析，提出了优化滨水地区的设计策略，包括调整空间布局、优化交通流线、增加公共活动空间等，并运用空间句法评估了优化措施的效果和可行性。托尔比约恩·安德森（Thorbjorn Andersson）在《滨水长廊设计：城市复兴策略》（2017）则特别关注滨水地区可通行空间的设计，强调滨水地区的连贯性和联系性，认为滨水慢行长廊应为行人和骑自行车者友好区。史蒂芬斯·昆汀（Stevens Quentin）的《激活城市滨水地区：包容性、参与性和适应性公共空间的规划和设计》（2020）

一书挑战了传统的大规模、长期的滨水地区重建方法，对城市重建的形式和过程进行了广泛的思考，并展示了如何以更具包容性、活力和可持续性的方式设计、管理和使用城市滨水地区。穆罕默德·拉赫曼（Mohammed Rahman）的《滨水城市与城市规划手册》（2022）在全球背景下探讨解决城市海岸线和河岸转型及其对环境、文化和身份影响的问题，以及在城市发展、经济、生态、治理、全球化、保护和可持续性的框架内，滨水区从工业和港口区向吸引人群的城市景观的转变。皮加·乔万纳（Piga Giovanna）的《地中海港口小城镇滨水地区设计》（2022）探讨了由于旅游业的增长，地中海小港口城镇的滨水地区所面临的问题。结合理论和实践方法，此书提出了一个设计矩阵，并根据该理论框架对城市滨水地区的文化和环境资产以及空间社会经济因素进行了深入调查。

国外城市滨水地区的发展深受其紧凑的历史进程影响，其规划设计实践亦在不断地寻求解决城市滨水地区存在问题的过程中取得发展。其滨水地区更新实践也主要集中在工业化浪潮冲击后，滨水旧工业区成为滨水地区更新实践的主要空间载体。其中，代表性的国外滨水地区的实践发展，其旧工业区的复兴往往以实现商业、办公、文化、休闲等多元化功能融合，以及提升地区形象和吸引力为目标，力求提供高品质的消费环境与办公空间，激发地区活力，吸引资本入驻（表 2.1）。

以英国为典型案例展开分析，可以发现，从 20 世纪 70 年代的城市复兴运动到 90 年代的伦敦南岸复兴工程，从诺丁汉运河沿岸整体城市更新到泰晤士河沿岸持续不断地更新，其城市更新始终注重在商业与生活功能的混合、工业遗址与文化艺术的交融、交通与公共空间的改善以及可持续发展等目标导向下，探索其在后工业时代下新的城市生长模式与工业用地的混合开发模式，将城市滨水地区作为周边社区再生的催化剂和触媒点，带动工业水

表 2.1 国外滨水地区更新实践概况及策略分析

名　称	概况及更新策略	实　景
英国 伦敦	泰晤士河	1995 年，随着河岸电厂改造为泰特现代美术馆，南岸艺术区逐步发展起来。 ·实行以市场为主导的革新性策略来促进地区经济发展； ·利用废旧港口码头和古老仓库改造形成新兴的文化旅游区； ·实施以社区为主体的合作计划	
美国 纽约	伊斯特河南岸	2010 年，布鲁克林大桥公园建成，滨绿绿道将 6 个河滨码头串联，成为融合休闲、运动主题的滨水休闲带。 ·科创激活，环境重塑，地区更新形成科技水岸； ·完善相关配套设施，适应产业发展需求； ·公园被划分为若干个更小单元，并被赋予不同的功能特点，提供多样化空间体验	
新加坡	新加坡河	1994 年，进行地区整体规划管控。如今滨水地区汇集多元功能。 ·分段规划定位，区别供地，促成土地使用的多元化； ·强化科技与生态技术； ·活化保留建筑的功能，强化滨水地区公共活动性及活力	

名　称		概况及更新策略	实　景
美国	芝加哥河	在 1909 年完成"芝加哥规划"，对滨水区整治改造提出主张；2012 年推进滨河步道计划，建成一系列公共空间等。 · 制定了一系列保障的政策措施，规范两岸的规划与开发； · 沿河布置多元功能，汇集多样化的活动； · 连续可达的慢行联系，营造休闲、生态、开放共享的亲水空间	
德国柏林	施普雷河	2013 年颁布了《施普雷河畔散步道可行性研究》，对滨河区实施统一规划设计。滨河地区的文化创意功能不断集聚，包括公共空间、企业和著名的博物馆岛。 · 两岸更新尊重历史、兼顾现代，持续增加文化创意功能； · 两岸形成水上及水岸游览区域	
法国巴黎	塞纳河	1991 年，塞纳河畔被联合国教科文组织列为世界文化遗产。 · 区域整体遵循高密度建筑与大面积开放空间结合的原则，强调环境多样性、街道开放性、用途混合性； · 步行网络与文化遗产、公共设施、绿地连为一体	

（续表）

名　称		概况及更新策略	实　景
英国伦敦	摄政河	原为运河，全长14千米，两岸传统与现代交汇，生活气息浓郁。 ·沿岸功能融合，与周边社区的日常生活紧密结合，多样化满足发展需求； ·沿河两侧布置连续的慢行交通，串联城市历史地段、公共空间、文化设施等	
英国利物浦	阿尔伯特码头	2004年，阿尔伯特码头入选世界文化遗产。其滨水区历经多次更新改造，拥有默西塞德海事博物馆、泰特利物浦、披头士博物馆、利物浦博物馆、RIBA North 文化综合体等。 ·滨水工业遗产保护与文化设施建设结合，实现文化驱动更新； ·营造丰富的滨水空间，承载文化活动，激发城市活力	
西班牙巴塞罗那	奥林匹克港	19世纪初，工业化浪潮下带来了港口码头和工业设施的大规模建设。20世纪80年代中期，围绕奥运会契机进行了一系列滨水改造工程。 ·注重土地多功能开发； ·拆除沿海铁路线，把环城快速路移到地下； ·处理排放到海里的污水； ·建造和维护新的海滩	

岸的转型升级。泰晤士河的金丝雀码头和南岸艺术区的开发，均在不同历史时期引领了城市新的发展格局，并在今天仍不断吸引人们来此工作、生活、参观和体验。而近些年，切尔西、巴特西发电站区域的更新改造，亦为滨水地区带来新的活力，促进了整个区域的魅力重生。

　　其中，切尔西滨水更新改造区域占地 4.58 公顷，位于横跨切尔西湾的两个市镇。切尔西作为伦敦老牌的贵族富人区，有着伦敦最古老的发电站——洛兹路发电站，它曾被列为英国国家二级保护建筑。对于这座历史悠久的工业建筑，规划策略和设计方法侧重于保护修缮和功能改造。在空间上，发电站首层外立面的柱间砖墙被完全拆除，形成有顶的拱廊。多样的商店以满幅且通高的大玻璃面向街道，使原本被砖墙阻隔视线、毫无生气的街道界面焕然一新，最大限度与滨水开放空间建立视觉联系。曾经的发动机大厅内部被改造为通高的中庭空间，两条城市街道由此穿过，将城市腹地的公共空间一路连接到滨水岸线（图 2.1）。在环境上，纵观伦敦整个城市脉络，洛兹路发电站位于泰晤士河一处宽阔弯曲处的岸边，位置十分瞩目，是城市景观线上的焦点，自身也具有极其优越宽阔的视野。此次更新改造的理念是在此打造一个新的"都市村落"，将切尔西湾一侧的洛兹路社区与另一侧的切尔西港和帝国码头互相连接起来。在功能上，为了更好地支撑社区内的居住人口，每个"都市村落"具备独立的次中心，并且设有复合型的商业设施、公共交通连接、社区配套设施；这些社区配套网络将连接至周边更大范围的滨水地区，整体建成一个繁荣的滨水都市村落。通过重整城市公共空间网络、提升渗透性、打造复合功能的都市村落等一系列城市规划策略，将废弃割裂的工业场地打造成一个充满活力的滨水社区，切尔西滨水区更新改造项目（图 2.2）为此类滨水工业用地的再生更新带来启发。

前　　　　　　　　　　　　　后

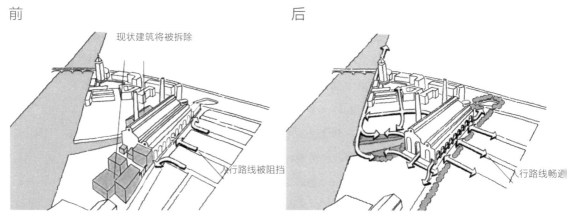

图 2.1　发电站场地是更大范围社区渗透性的核心[1]

图 2.2　更新前与更新后切尔西滨水区对比[2]

---

① Farrells 法雷尔|伦敦居住新风尚,泰晤士河畔切尔西工业滨水再开发(下)[EB/OL].(2022-7-15)[2024-11-20].https://mp.weixin.qq.com/s/9I-J4G-T-v-Ps36p7dLxCQ.

② 有方空间|Farrells作品:泰晤士河畔再生,切尔西工业滨水区更新改造[EB/OL].(2022-9-7)[2024-11-20].https://mp.weixin.qq.com/s/zGcTiPNO7-JarUxzQZj2tA.

巴特西发电站位于伦敦泰晤士河南岸，是英国工业时代的标志建筑、伦敦摩天建筑，也是欧洲红砖建筑艺术的代表作，被英国政府列为国家二级保护建筑。自该电站停止供电三十年来，伦敦曾提出了多次设想与多项计划复兴巴特西发电站及周边九榆树地区。最终改造计划从 2012 年开始，以电站及周边滨水区的主要结构作为场地再生的核心和周边地区再生的催化剂，功能向外延伸，涵盖沃克斯豪尔、九榆树、巴特西机遇区，旨在为伦敦打造一个充满活力、可持续发展的混合用途开发综合体。在功能上，该项目主张土地的混合使用，保证片区不过度依赖于某种城市功能，是让片区可以真正地蓬勃且可持续发展的重要一环。规划在保持历史风貌的基础上，融入商户、写字楼、公寓、开放空间、绿地和艺术空间，将巴特西发电站所在的滨水区打造为伦敦最大的办公、零售、休闲和文化区之一。在空间上，规划将电站设立于社区中央空间中，被其他商住混合体环绕，同时保持与泰晤士河和北岸视线的通透，从而突出电站的建筑主体作为基地主要的标志物。三条主要街道连接电站和基地南侧边界并穿过未来河岸公园及河岸步行道的延伸，进一步增加了基地未来的可达性。建筑形态在传统的连排房屋设计基础上增加了建筑立面的创新，在面向电厂一侧采用波浪的形态，并通过不同区域的公共空间组合，激活住宅单元的开敞平台，为住户和参观者在河岸提供动态的景观。在环境上，该规划还依据该地区发展的阶段性性质，根据不同的滨水区域的敏感程度设计相应的规划导则，详尽地指引新建筑的设计和老建筑的保护。这种高密度的引导使得规划不仅在财政上是可行的，并且使伦敦地铁线也合理地延伸到场地内部，确保该项目及其所在的滨水地区将作为周边地区再生的触媒点和催化剂（图 2.3）。

更新前

更新后

图 2.3　更新前与更新后巴特西电站[1]

---

① 上图: 国际公共艺术研究|重建伦敦传奇地标[EB/OL].(2022-12-28)[2024-11-
　20].https://mp.weixin.qq.com/s/E3D2FupWBKoo9YhNBifG3g.
　下图: 建筑师杂志|伦敦标志性历史建筑,巴特西发电站改造完成[EB/OL].(2022-10-
　20)[2024-11-20].https://mp.weixin.qq.com/s/PlBHaq9UDVEKxfwh8ldSfw.

2.2 国内相关理论研究与实践

　　滨水地区的更新是伴随着城市进入不同的发展阶段持续进行的，且深受当前阶段城市发展功能定位、发展空间需求以及发展环境约束的影响。在我国，20世纪80年代末，随着工业化的迅速发展，城市改造逐步兴起，中心城区的滨水地带进入一个以更新开发为主的阶段。到了90年代，国内开始卷入城市滨水地区再开发这一世界性潮流。与国外20世纪六七十年代开展区域综合再生改造的社会经济发展背景不同，国内的滨水地区开发没有经历明显的衰退，而是政府为了改善滨水地区环境、调控地区空间迅速拓展以及推动产业发展而不断进行的城市有机更新。

　　在关于滨水地区发展的相关理论及实践研究方面，我国在早期探索阶段，更注重于如何开发建设和功能利用方面。吴俊勤等（1998）开始关注滨水地区开发问题，且认为滨水地区的重建应注重综合开发利用，将功能衰退的码头、工业区逐渐转变为公共活动繁忙、环境良好、地价不断上升的综合功能区。张庭伟（1999）指出要从整体的视角看待滨水地区开发问题，并分析了滨水地区的开发动力，包括经济因素、城市建设因素及政治因素。而伴随我国经济发展腾飞和城市化进程的加快，相关研究则开始更加侧重于空间的规划设计，包括空间形态、空间特点、空间的联系及空间设计策略等方面，同时也开始注重环境的保护和文化内涵的挖掘。王建国（2004）认为滨水空间是城市最具活力和特色的空间，强调生态保护、公共空间和历史文化传承的重要性。刘滨谊等（2005）认为城市滨水地区的景观设计对于提升城市形象、促进城市发展具有重要意义，并且提出城市滨水区的设计应注重整体性、连续性和可持续性，要考虑到人与自然、历史与现代的和谐共生。周正楠、邹涛（2014）倡导人与自然和谐共生的理念，强调水的自然属性和生态价值。米歇尔·奥斯莱（Michel Hoessler）、章明（2019）解读了上海黄浦江东岸与杨树浦滨江南段的滨水公共空间设计，强调了超大城市滨水地区公共空间复兴的社会学意义。

在新时期城市更新的背景下，滨水地区的建设与更新发展更加注重"以人为本"，强调要在保护自然环境的基础上进行城市文化传承和创新，以及引入科技手段和智能化元素，改善人的体验和满足更高的需求等，并得以更趋多元整合地推进，关联人、空间与时间进行多维度的统筹协调，促成地区的功能转型，提供活动和交流的场所，融合社区发展、促进创新协作，帮助实现地区更新演化与持续发展。源于滨水地区自身的特质，以及与之相关的战略性框架、适应性举措的制定等，滨水地区在我国城市发展格局中的主导地位愈益凸显，往往对周边地区的发展起到显著的带动作用，甚至影响城市的空间格局与发展模式（表2.2）。

其中，无论是上海"一江一河"、广州珠江前航道，还是深圳茅洲河的滨水地区发展，都经历了从工业向服务业、从生产型空间向生活型空间的功能转变。尤其上海"一江一河"与广州珠江前航道作为长三角和珠三角核心城市的核心区，在城市快速发展的背景下，其更新所面对的问题必然是复杂的，更新策略也更加综合地涵盖了区域辐射带动、产业能级提升、多元开放共享、历史文化遗产传承、统筹规划建设管理等多方面。杭州的钱塘江与北京的亮马河、北旱河的滨水地区则是随着城市建设的拓展需求而开始的兴建与更新，这一类型的滨水地区更新往往有统一规划的优势，其策略倾向于强调安全为先、水岸共治、突出生态价值与公共属性、提升城市景观风貌等。南京秦淮河与梅州五华县琴江老河道则是由于城市建设受到环境约束，对河道进行了开挖或填埋产生了环境污染等问题，其

表 2.2　国内滨水地区更新实践概况及策略分析

名　称		概况及更新策略	实　景
上海	黄浦江中心城区段	2010 年，上海世博会为黄浦江转型发展提供了战略机遇。2017 年年底，黄浦江沿岸基本实现从杨浦大桥到徐浦大桥 45 千米公共空间贯通开放。2019 年，上海市政府印发《关于提升黄浦江、苏州河沿岸地区规划建设工作的指导意见》，提出"一江一河"概念。2020 年，苏州河中心城区 42 千米的岸线和功能提升完成。 ·滨水公共空间贯通开放； ·公共开放空间持续优化； ·聚焦重点板块引领辐射带动作用； ·产业能级提升，激发文旅融合新动能； ·历史文化遗产传承； ·统筹规划、建设、管理三大环节，统筹滨水和腹地一体发展	
	苏州河中心城区段		
北京朝阳区	亮马河	21 世纪以来，亮马河两岸污水直排造成严重污染。2019 年 4 月，朝阳区启动亮马河滨水地区更新改造。 ·实施水岸共治，筑牢安全底线，提升水体质量； ·升级两岸产业，优化营商环境； ·深挖"北京古驿"，打造"一桥一景一故事"	

（续表）

名　称		概况及更新策略	实　景
广州珠江	前航道	早期发展阶段，作为重要的运输港口和码头。随着广州城市化的推进和产业结构调整，该滨水地区逐渐转型成为集休闲、娱乐、文化、商业等多功能于一体的城市公共空间 · 高品质改造提升历史文化街区，打造岭南文化传承创新展示核心区； · 实现慢行贯通，构建完整的运动体系	
深圳	茅洲河	早期以航运功能为主，21世纪初，工业蔓延，生活生产污水直排，河流及水岸受到严重污染。2019年，开展水质整治工程建设及河岸绿化提升。 · 生物复育，提高生物多样性； · 打造科技展览与生态体验交融的复合型公园； · 结合堤路贯通，开放校园空间	
杭州	钱塘江	1990年，钱塘江两岸设立国家级高新技术产业开发区。2017年，杭州市明确提出拥江发展战略。 · 新建中央商务区，吸引高端产业聚集； · 突出生态价值和公共属性，对堤防岸线及两岸公共空间进行改造提升； · 完善沿江便民、利民、惠民服务设施配套	

（续表）

名　称		概况及更新策略	实　景
宁波	三江口	三江口北岸的老外滩于1844年开埠，后成为宁波的商业中心。2020年，作为商务部12条步行街升级改造试点。 ·结合历史遗存资源优势，打造多样滨水景观； ·布局沿河商业、文化设施，形成充满活力的连续的公共活动走廊； ·通过林荫道+文化景观步道，创造多层次慢行交通	
南京	秦淮河	秦淮河作为南京的"母亲河"，在1985年已成为国内著名游览胜地。2016年起，南京秦淮河沿线开始持续性的整治提升工作。 ·恢复自然岸线，全段景观提升、滨河人行步道贯通； ·按照"保护更新老城"的思路对沿河传统民居开展修缮保护	
广东梅州市五华县	琴江老河道	五华县老河道是琴江改河后留下的内湖。2017年，琴江老河道湿地文化公园更新改造完成。 ·恢复生态栖息地，整合原有场地周边鱼塘肌理，构建生态净化湿地系统； ·历史文化融入老河道公园建设	

更新策略更倾向对生态环境的整治重建、历史文化的保护利用及慢行休闲空间的打造。

对于滨水地区而言，滨水特性所带来的规划设计多层次的考量是毋庸置疑的。无论是前文所提及的功能转型、水系形态，还是公共空间、文化与活动等，从城市空间结构、重要资源引入、整体风貌把控、交通路网匹配，到环境景观特色、生活环境品质、人文特色的彰显等，滨水空间所担当的角色越来越复合、赋予的价值也越来越多：不仅仅是公共的、美好的，还应当是生态的、富有归属感的。事实上，一个地区发展的资源、空间、时间，甚至技术往往都是有限的，但结合上述典型案例的分析可以发现，通过重视和落实顶层设计、战略性框架，注重生态保护、文化传承、保护利用、特色引领，以及强调持续创新的更新过程等，这些滨水地区都在一定程度上实现了重塑和振兴。而具体的规划举措往往发挥着关键性的作用，从系统到专项、从整体到局部，关联多元要素与重大事件等，构成精细化管控与实施的基础。

第三章

城市滨水地区更新
类型与策略

　　城市滨水地区的更新发展处于不断演变的状态，而且随着我国对生态和环境品质的日益重视而日趋良性和优化发展，这样一种变化的过程使得我国多目标的滨水地区建设与规划设计的方式可以更为充分和合理地落实资源优化配置、土地集约复合利用、强化公共生活与滨水环境魅力，以及技术与决策更好地融合等——今天滨水地区的更新规划更注重彰显核心价值，尤其在上海这样的强调"以人为本"、创新发展的国际大都市。既有经验为城市及区域的更新发展赋予了不可替代的作用，亦为城市滨水地区的更新思路和策略方法提供了重要借鉴。结合上海各类型城市滨水地区更新实践分析，可以提炼出多元整合和价值提升两个维度的策略思考。

3.1　上海滨水地区更新规划实践类型及特征

　　在建设"卓越全球城市"的背景下，作为河网密布的、典型的河口海岸城市，上海的"一江一河"工作正顺利实施、逐步推进（图3.1），"一江一河"致力于打造具有全球影响力的世界级滨水区，黄浦江、苏州河两岸更新建设成果已取得显著成效。围绕"一江一河"重点工作，上海市级层面始终注重法规先行，不断健全配套政策体系。2019年1月，上海市政府印发《关于提升黄浦江、苏州河沿岸地区规划建设工作的指导意见》，正式提出"一江一河"特定概念，将黄浦江与苏州河作为整体谋划发展。同年，作为《上海市城市总体规划（2017—2035 年）》实施的重要举措,《黄浦江、苏州河沿岸地区建设规划（2018—2035 年）》获市政府批复,对"一江一河"规划建设提出了打造"全球城市核心功能的空间载体、人文内涵丰富的城市公共客厅"等纲领性要求。2021 年 8 月,《上海市"一江一河"发展"十四五"规划》发布,确保以更高标准、更宽视野、更大格局推进"一江一河"沿岸规划建设。

　　根据《上海市城市总体规划（2017—2035 年）》,上海将重点推进"通江达海"蓝网绿道建设（图 3.1）,以水为脉构建城市慢行休

图 3.1　上海"通江达海"蓝网绿道建设

（图片来源:《上海市城市总体规划（2017—2035 年）》市域生态网络规划图）

闲系统。与此同时，同期城市内河（指上海市域范围内不直接连通长江、东海的城市内部河流）两岸的更新与提升已被列入日程，构成政府、各区县城市建设的重点。新形势下上海内河水系及两岸地区，在其规划设计与建设实施彰显滨水贯通的战略导向、承接黄浦江综合改造辐射效应的同时，本身亦构成区域空间发展与生态稳定的重要载体，并可以尽可能多地为市民提供日常生活的公共休闲空间和多样化的滨水空间体验。在本书中，多类型的上海滨水地区规划实践案例被纳入进来（表 3.1），结合不同行动模式特点展开分析，并阐释文中所提出的策略维度所关联的项目案例及关键内容，进而提炼出多元整合和价值提升两个维度的策略思考（图 3.2）。其中，多元整合策略强调多维统筹协调，多样的功能与活动，多要素融合、与社区有机结合，多部门协动、有效地规划传导；价值提升策略则将重心落在滨水地区作为生活空间纽带，土地增效利用，生态性、公共性和历史文化价值，以及技术与决策之间关联互动产生的战略及驱动作用所在。

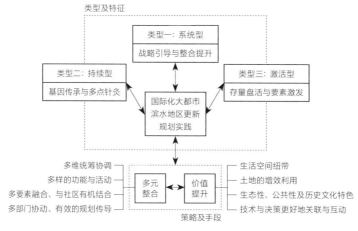

图 3.2　技术路径

表 3.1　上海城市滨水地区更新规划类型及代表性案例

类　型	行动特征	代表性案例	
		名　　称	主要策略
系统型	战略引导与整合提升	黄浦江、苏州河沿岸地区建设规划（2018—2035 年）	"一江一河"总体功能定位和资源禀赋、水域宽度各不相同。按照建设世界级滨水区的总目标精准定位，明确功能结构、划分发展区段，进行色彩引导、分区管控等方面的创新探索
		徐汇区河道水系专项规划研究	覆盖徐汇区 41 条河道。对接各条线管理部门，梳理河道基础资料，评估现状、摸清底盘底数，进行规划梳理与系统研究，进行河道主导功能分类，建构公共活力圈，并形成"一河一表"，作为实施框图和导则指引，促进管理实施
持续型	基因传承与多点针灸	苏州河静安段一河两岸城市设计	结合地区特点及资源特色，彰显苏州河在空间尺度、文化内涵和功能能级方面的特征，在此前历次规划设计工作基础上，延续人本关怀和文化复兴理念，进行片区和节点的规划提升，探索滨水地区步行化环境的全要素设计框架
		苏州河长宁段贯通工程	全线贯通串联起沿线 10 个公园绿地，注重特色，水岸联动，打造具有长宁人文景观特色的滨河步道，改造利用滨水高架桥下消极空间，并将公共空间贯通理念向腹地纵深拓展
		蒲汇塘两岸社区更新规划设计及控制性详细规划调整	与"15 分钟社区生活圈"建构紧密结合，确保多处滨水公共绿地的实施，增加公共服务设施和租赁住宅配套，将有活力的公共功能嵌入滨水第一界面，保障社区品质提升
		龙华港两岸更新研究及实施引导	彰显水系文脉，沿承历史记忆与传统生活。紧密结合实施需求，梳理慢行网络，聚焦标志性景观、视线通廊，促进形成滨水记忆点，并提出多类型的更新实施策略建议
激活型	存量盘活与要素激发	2010 年上海世博会及后续利用	与城市的更新很好地结合起来，促成地区转型和功能提升，积累了先进理念、设施载体、科技支持、管理运营等多方面资源。部分场馆后续改造利用，作为公共设施、社区设施等
		2021 年上海城市空间艺术季徐汇展区——"花开蒲汇塘"	选址在蒲汇塘滨水的花鸟市场地块，政府、企业、设计师等多方合作，汇聚绿色发展与文化创意，设置花房驿站、大地艺术田、共建花园等，打造高品质滨水景观与公共空间代表的社区生活新场景
		长桥污水处理厂地块更新	结合全市层面的基础设施节地利用研究，落实位于张家塘港沿岸的长桥污水处理厂地块更新。结合方案研究、功能调整，完善社区配套和公租房建设，彰显恢复水岸公共性的决策导向

3.2 滨水地区更新规划实践的多元整合策略

一是更多地关联时间性进行空间要素的规划统筹协调。人们对空间的感知与利用，往往需要一定的过程。不同的时间、过程的长短，人们会产生不同的需求与侧重，也影响人们对于空间的认知与体验。今天的人们更加关注空间品质，场所的安全性、舒适性、体验性等，人与水、人与城市的联结方式更加紧密和交融，滨水地区的建设发展带给人们的生活和城市的影响都更为巨大。可以说，滨水地区更新建设中的时间性承载着城市发展的记忆、脉络及特征，与空间建构共同发挥着联结人与水、人与城市的作用，需要加以充分考量和予以回应。相应地，开展可行性研究以及制定实施战略、行动计划、导则指引等在滨水地区更新规划实践中得到了更广泛采用，以确保空间要素安排的合理性与长远性、随时间发展的有效性以及适应随时间变化的可能性等。比如，黄浦江两岸地区综合开发自2003年就开始实施"三步走"战略，开展中心段及南、北延伸段的结构性规划等；2020年则基于充分的总体评估，注重针对突出问题和短板开展规划引导，公布《黄浦江、苏州河沿岸地区建设规划（2018—2035年）》，将规划范围从徐浦大桥向南进一步延伸至闵浦二桥，更大范围地辐射腹地，容纳更为多样化的公共空间、多样性的水绿生态空间、丰富的水岸人文及历史积淀，对空间景观制定更为精细的标准要求，并强调预控结构用地等，促进形成更加多元融入滨水生活的方式，也承载着黄浦江两岸随时间变化的持续更新提升。实际上，时间性关联的空间建构还体现在人们日常生活的方方面面，滨水生活亦是如此。比如，公共空间更趋复合性的时间利用；人们对场所的使用更加注重过程体验；市民对项目实施过程中出现的问题更少容忍，等等。因此，当前更新项目实施的过程性把控需要更为精细化，需要多方更好地协同推进；一定区域的规划实施和更新发展，往往需要完备的评估作为基础性工作，进行合理的时序安排，空间建构的渐进特征也更为明显，等等。

二是提供丰富的功能支持和多种活动交织的布局框架。今天的滨水地区更新，尤其是在极具竞争力的国际化大都市，则更多地呈现为主动更新、采取创新举措，以发挥更显著的经济社会价值、应对区域竞争和获取更多资源。面向城市的变化与多元的需求，人、空间与时间的维度都被紧密结合起来，以提供更加丰富的、多场景的、生态的、日常休闲的或是消费性的滨水空间功能。世界级的滨水区往往构成城市人气最为积聚、最具有活力的区域，拥有空间和时间上的便利性和舒适性，拥有众多的开放空间，提供给人们有效的服务、多样的感受。因此，在具体的滨水地区更新规划实践项目中，试图通过多层次的规划设计举措来促进丰富的功能支持和活力场所，如美国的芝加哥河、新加坡的新加坡河两岸都在开发过程中进行了分段规划定位，促成土地使用的多元化，进而为更丰富的岸线及区域功能提供可能；再如美国伊斯特河南岸对滨水开放空间、带形公园进行了化整为零的设计，赋予其不同的功能特点，从而容纳了更为丰富的活动，为人们提供多样化空间体验。

三是进行多要素融合以及与社区有机结合的腹地提升。《黄浦江、苏州河沿岸地区建设规划（2018—2035年）》中对于黄浦江、苏州河的规划范围，都体现出了向腹地的进一步辐射。在今天，滨水腹地对于城市的重要性不言而喻，滨水地区往往构成城市的中心区域或是重要的功能片区，其腹地亦构成城市空间的有机组成部分，拥有建筑、街道、广场、公园，抑或桥梁、护堤等多样化的空间要素，并往往是构成区域天际线、城市色彩感知等的重要载体。可以说，滨水地区腹地内空间要素的融合与联结，多维感知的有序协调等，对于城市整体形象与功能提升、特色建构等均具有重要作用。在苏州河静安段一河两岸城市设计项目中，腹地功能与城市的结构性联系被凸显出来，苏州河腹地规划形成具有影响力的现代服务业和文化产业功能区，有机地融入上海中央活动区，构成高能级的南京西路集聚带的组成部分，并将滨水活动与腹地公共活动点、社区级公共服务设施等相联结，形成滨水向腹地更好的活动连接与服务渗透（图 3.3）。

四是促成面向实施的多部门协动机制及有效规划传导。滨水地区更新规划实践的推展，会受到技术成果、实施组织、社会支持、资金安排等多方面因素的影响，涉及各种利益的平衡和多方参与的决策过程，因而离不开多部门协同，更需要规划的精准传导。由于今天滨水地区更新规划实践往往具有较强的综合性、复杂性和动态性，因此仅仅由单一部门牵头，容易受限于自身的职能管辖范围、工作手段，难以确保规划实施和建设成效。例如，水务部门在滨水环境整治工程中，将水质提升、防汛安全作为根本，对防汛墙外观、驳岸形式、滨水通道与景观等则较少关注；规资部门则受限于蓝线范围、土地产权划定等，造成所主持的项目难以与滨水空间连接，甚至造成滨河断点，环境品质难以整体提升等。值得借鉴的是，徐汇区借助多层次、全过程的河道规划管控体系创新，形成"1+3+N"的更新行动计划（图 3.4），实现滨水地区更新规划建设的精细化管理。其核心成果"一河一表"，融合了每条河道的基本信息、两岸腹地现状与规划情况，并结合对于河道主导功能的规划建议，进一步提出不同条线管控的项目清单，既作为"河长制"管理的河道信息汇总，也构成各管理部门之间信息整合、共享、互通的平台，有序传导、精准实施。作为承接河道水系专项规划、落实项目清单的内容构成之一，优化蒲汇塘沿岸公共空间和公共设施布局的相关法定控规调整已于2020年获批，并已逐步开展实施建设。

图 3.3 苏州河静安段—河两岸城市设计滨水腹地的结构性联系及与现代生活的功能融合

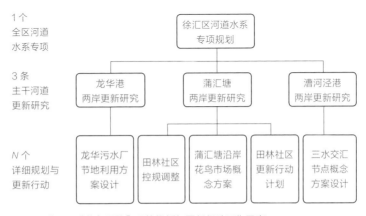

图 3.4 徐汇区"蓝色网络"系统规划与更新行动工作示意

3.3 滨水地区更新规划实践的价值提升 策略

一是将资源让渡于民，形成区域的生活空间纽带。新形势下的上海"一江一河"建设，正是通过提供更多的、更高品质的开放空间，形成多样场所，促成慢行成网、公共贯通，增加桥梁、提升景观品质等举措，不断吸引更多的市民来此活动和交流。2017年年底，上海黄浦江两岸45千米岸线的公共空间正式全线贯通，滨江沿线从封闭走向开放，高品质滨江生活空间的提供满足了人民群众的实际需求，也增强了人民群众获得感和幸福感。苏州河静安段一河两岸城市设计项目则启动于2015年11月，伴随上海市原闸北区、原静安区的两区合并，行政区上这一地区由边缘成为中心，成为中央活动区的组成部分，需要容纳更多人的活动，增加为"人"的功能；另外，苏州河具有兼容并蓄、海纳百川的文化积淀，但在这一地区特色有待彰显，且滨水地带公共功能偏弱，公共活动不连贯，亲水性和滨水景观品质不佳。因此，这一实践项目的开展着重建构滨水活动中枢、文化艺术地标和市民休闲地带，沿承城市的文化传统并使之融入当代城市，进行片区和节点的规划提升，延续并丰富滨水的多样性，构建慢行活力网络，增强步行联系与体验，彰显人本关怀、催化活力再生。

二是土地的增效利用，构成转型提升的创新载体。与西方很多城市滨水地区因为面临衰败继而大力推进改造建设不同，我国滨水地区的更新建设更多地被作为一种转型提升的战略举措——将滨水地区的功能转变、生态及设施建设、环境改善等，纳入城市整体的空间结构发展格局之中，与城市重点区域的开发、重大工程建设、重大事件的发生等相融合；也更有利于挖掘和整合滨水地区的资源价值。而土地是带动城市发展的核心要素，滨水地区土地如何增效利用、推动土地使用功能、利用方式、开发策略方面的提升，则构成了转型提升的关键所在。结合国内外案例分析，可以有以下方式借鉴：

①土地的混合功能与复合使用。例如，美国的芝加哥河，结合滨河立体空间、两岸腹地功能等进行改造，建立新的连接，进行分段设计，容纳多样性功能与活动，促成复合型的滨水地区建设。

②结合重大工程开展结构优化。例如，2007年启动的外滩综合改造工程，与2010年上海世博的举办相结合，促进了滨水地带的功能转变，优化了中心城区交通结构，大大增加了区域绿化、公共活动空间。

③消极空间的更新利用。由于滨水区自身所具有边缘的属性，河道形式的多样以及缓坡岸堤的变化，城市建设发展过程中会形成一些难以到达、环境品质不佳或空间破碎凌乱的区域，以及由于桥梁、高架、道路等的架设或穿越关系等，会导致出现一些桥下的零散空间、废弃空间、边角空间等。这些消极空间降低了滨水环境品质和景观风貌，也降低了土地的利用率。进行土地整合利用，因地制宜地布置与周边状况相协调、满足居民需求的设施或场所，采取生态的、复合的、人性化的或是有趣味的方式和手段改善环境、提升活力与景观，并尽可能地探索与水体相呼应的积极应对方式，则有利于将其更好地转化成为活力空间，避免土地浪费、空间割裂和安全隐患等。

④进行绿色低碳的引导。滨水作为自然资源的重要组成部分，构成人们生活不可或缺的自然生态要素。当城市滨水区更多地布置绿地、公园和慢行步道等开敞空间，并与城市整体绿化、开放空间

联系成网，则在提升生态环境品质的同时，有利于促进区域降低碳排放。此外，滨水建筑利用临近水体的特点，可以将水、风、空气循环、植被、生物环境和场地因素等都充分考虑进来，加强建筑绿色低碳节能技术的落实。

三是强化生态性、公共性以及历史文化特色延承。滨水地区往往呈现出人与自然交融的特点，使得人们在城市中的活动可以更加亲近自然。水体的净化能力，河流的微气候调节、丰富的生物多样性，自然河滩的原始风貌，绿色驳岸或植物群落，连续的或形式多样的自然岸线等，使得滨水的生态性特质如此显著，有利于人们在城市中的活动可以更加亲近自然，感受多层次的、多类型的游憩空间，在具有地形地貌特色的场所进行活动与交流，维护城市环境与自然平衡。因此，国内外滨水地区更新越来越多地关注河流的生态功能和自然属性，在强调水体治理、提升水质的前提下，强调滨水区生态空间的保有与建设，增加自然驳岸、增强植物多样性，强化生态设计、采用绿色低碳技术，注重将河流的生态功能与城市功能进行整合，布置多元功能、汇集多样化活动。上海以"一江一河"公共空间贯通开放为契机，提出将黄浦江滨江地区打造为"具有高能级生态效应的城市生态廊道"[①]，徐汇滨江、前滩、杨浦滨江等地区持续发展，滨水绿地、城市公园持续增加，上海的城市环境品质与空间特色大幅提升，朝向开放共享的高品质生态空间不断迈进（图3.5）。随着2018年45千米滨江岸线全线贯通，黄浦江两岸的公共空间又进一步向上下游延伸，地区的公共活动性不断增加，并提供了更多的公共设施、服务配套，包括滨江驿站与活动步道等；滨

---

① 上海市规划和自然资源局. 黄浦江、苏州河沿岸地区建设规划(2018—2035年)
[EB/OL]. https://ghzyj.sh.gov.cn/ghjh/20200820/8068daedd94846b29
e22208a131d52fc.html/2020-08-20.

图 3.5　徐汇滨江（拍摄：汪孝安）

江历史文化资源也得到了整合与发掘，龙美术馆、艺仓美术馆及其长廊、浦东滨江民生码头等工业遗产改造与文化设施建设不断丰富（图3.6、图3.7），人文特色彰显、空间特色提升、历史文化脉络得以延承——滨水地区的公共性、历史文化特色促进了滨水生活的活力回归，也构成滨水地区更新发展的价值内核与魅力所在。

四是复合性工作中技术与决策更好地关联与互动。滨水地区作为城市功能转型和提升竞争力的重要载体，亟需技术创新的支持、探寻地区更新的多元驱动力。例如，美国伊斯特河南岸的发展，科创激活，环境重塑，地区更新形成科技水岸；注重科创激活、建设科技水岸；西岸的智慧港建设等。事实上，当今城市治理和政府决策与技术发展关联愈加密切，这是社会经济发展的现实推动，也与实践

图 3.6　工业遗产改造后的龙美术馆（拍摄：周俊）

图 3.7　浦东滨江民生码头八万吨筒仓改造为艺术空间（摄影：周桉）

工作自身的复合性相关联。一方面，生态分析、大数据分析、空间句法研究等技术手段的拓展，便于人们更精准、更加拓展性地开展相关研究，为决策提供依据与参考，为治理提供有力的支撑。与此同时，越来越多的技术手段可以帮助人们体验空间、互动交流，规划实践过程中的公众参与也不断增多、方式日益丰富——与城市的政策法规、实施进程相结合，也更好地保障了人们的切身利益，给人们提供了发声的多个通道。另一方面，城市更新发展的相关重大决策，直接关系城市建设的成效、决定了项目的成功与否；当前政府的信息化程度、工作节奏等都还在不断提高，如何结合具体的实践工作，更好地运用多层次的技术手段来帮助推进精细化管理、帮助关键决策的生成，值得总结与探讨。张家塘港沿岸的长桥污水处理厂地块更新，在全市层面的基础设施节地利用研究统筹协调的基础上，结合多方案比选和评估论证，多专业协作、技术配合，明确市政设施规模和布局建议，调整用地功能，节约土地用于社区配套和公租房的建设，体现了基础设施节约集约利用后恢复水岸公共性的政府决策导向。

总的来看，上海多层次、多类型更新规划实践，强调多元整合、价值提升，借助更加多维联结和广泛联系的举措，强调要素融合、创新协作。同时，滨水地区更新重视自然生态、历史文脉、公共空间和生活网络等多维方向，为城市及区域更新发展赋予独特性和不可替代的价值，案例具有先进性和典型性，可以为城市滨水地区复兴之路提供参考与借鉴。

第四章

面向未来：
战略引导与整体更新

4.1 黄浦江两岸地区：世界级城市会客厅

黄浦江是上海城市的标志性空间，是上海近代金融贸易和工业的发源地，沿岸的变迁是上海城市发展历程的缩影（图4.1、图4.2）。20世纪后期黄浦江沿岸进入转型期，2002年两岸综合开发拉开了黄浦江沿岸新世纪建设的序幕，历经十多年的发展，黄浦江两岸从工业、仓储码头等生产性区域逐步转变为以公共功能为主的市民江岸。2010年世博会前两岸基础设施和环境品质建设进入优化提升期。2016年8月，上海市委、市政府提出：黄浦江两岸建设要坚持"百年大计、世纪精品"的原则，围绕公共空间做好文章，要把浦江两岸建设成为市民健身休闲、观光旅游的公共空间和生活岸线。2018年1月，从杨浦大桥到徐浦大桥45千米滨江公共空间贯通开放，标志着黄浦江沿岸的发展进入更关注品质、魅力和人性关怀的新阶段与整体升级期。

近年来，"一江一河"沿岸的规划建设，充分体现了上海全面践行人民城市理念、加快建设"五个中心"、完成党中央赋予上海的重要使命的决心，也回应了市民对母亲河空间品质提升的期许。在2019年1月上海市人民政府批复的《黄浦江沿岸地区建设规划（2018—2035年）》中，以建设世界级滨水区为总目标，黄浦江沿岸定位为全球城市发展能级的集中展示区，具体体现为建设便于城市核心功能的空间载体、人文内涵丰富的城市公共客厅、具有宏观尺度价值的生态廊道。围绕提振城市经济能级、强化创新驱动、提升空间品质、增强文化辐射力、修复生态环境等不同维度，力求引导最大限度地发挥滨水地区价值（表4.1、图4.3）。

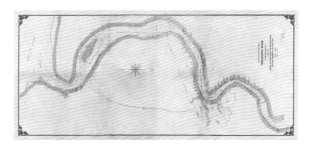

图 4.1 《黄浦江图》（1906 年）[1]

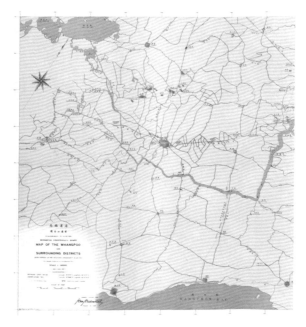

图 4.2 《黄浦江全图》（1922 年，上海浚浦局测量绘制，主要
反映黄浦江水系、太湖流域的水文环境状况）[2]

---

[1] 中华地图学社. 中国地图出版集团|我国首部黄浦江专题地图集——《黄浦江古今
地图集》[EB/OL].(2024-10-18)[2024-11-20].https://mp.weixin.qq.com/s/
GRUA5qzuU6cEuAllzSf1vw.

[2] 同上。

表 4.1　黄浦江两岸综合开发的阶段与特征梳理

阶　　段	运作背景	规划设计与建设进程	阶段特征
阶段 1 （1990—1998 年）	利用土地级差效应，吸引外资，积极向市场化运作转型，经济体制、土地使用制度、住房制度改革全方位启动	资金来源：开发商 实施主体：政府、开发商 运作方式：自上而下 20 世纪 90 年代以来，浦东的开放开发则促使上海最终东进跨越黄浦江，黄浦江也衍生成为"一江两岸"的发展格局	发展格局成形
阶段 2 （1999—2005 年）	市场经济下，进一步吸引外资；城乡统筹制度改革力度进一步加大，加强文化与环境保护；开展小规模渐进式开发	资金来源：投资逐步多元化 实施主体：政府扶持、企业运作、市民参与 运作方式：自上而下与自下而上 2000 年，上海市城市规划管理局针对黄浦江两岸地区改建举行了国际规划设计方案征集； 2002 年 1 月，上海市黄浦江两岸开发工作领导小组办公室（简称"市浦江办"）成立，标志着黄浦江两岸开发建设进入实质性启动阶段； 2002 年 11 月，上海市人民政府颁发《黄浦江两岸综合开发审批程序管理办法（试行）》； 2003 年 4 月，上海市人民政府颁发《上海市黄浦江两岸开发建设管理办法》； 2003 年 5 月，上海市人民政府颁发《关于黄浦江两岸综合开发的若干政策意见》； 2004 年 4 月，上海市政府审批同意《黄浦江两岸地区规划优化方案》； 2004 年，《黄浦江两岸滨江公共环境建设标准》（DB 31/T 317—2004）发布并实施	规划设计与政策推进，注重环境改善与功能的转换
阶段 3 （2006—2015 年）	"两个中心"战略启动，创新驱动与转型发展；城乡一体化加速；制度改革深化完善，寻求机制创新	资金来源：投资逐步多元化 实施主体：政府扶持、企业运作、市民参与 运作方式：自上而下与自下而上 2006 年 8 月，世博园区工程建设正式开始； 2007 年 8 月，外滩综合改造工程启动； 2010 年 3 月 28 日，外滩重新开放； 2010 年 4 月，徐汇滨江一期竣工； 2010 年 5 月 1 日，世博会开幕； 2011 年，徐汇区提出打造"西岸文化走廊"品牌工程战略； 2014 年 3 月，龙美术馆建成开馆	实践建设推展，加强功能开发、激发活力

阶　　段	运作背景	规划设计与建设进程	阶段特征
阶段 4 （2016—2020 年）	底线约束，统筹生产、生活、生态三大布局；推进城乡一体，引领区域协同；坚持以人民为中心，强化资源节约集约利用	资金来源：政府财政 + 市场投资 实施主体：运营机构 + 产业社群 + 第三方 运作方式：各主体紧密合作 2016 年，上海市委书记韩正在浦江两岸调研时提出黄浦江核心段两岸 45 千米贯通的目标； 2016 年，上海市政府印发《黄浦江两岸地区发展"十三五"规划》，提出要把浦江两岸建设成为市民健身休闲、观光旅游的公共空间和生活岸线； 2017 年，黄浦江核心段 45 千米岸线滨水公共空间贯通开放，标志着黄浦滨江发展进入更关注品质、魅力和人性关怀的新阶段； 2018 年，上海市政府提出，"一江一河"要以建设"具有全球影响力的世界级滨水区"为目标，发挥更强示范引领作用，将"一江一河"沿岸打造成为城市的"项链"、发展的名片和游憩的宝地； 2019 年 1 月，《黄浦江沿岸地区建设规划（2018—2035 年）》批复； 2019 年 7 月，上海市"一江一河"工作领导小组正式成立，标志着"一江一河"城市滨水公共空间再造工作进入新的发展阶段； 2019 年 11 月，习近平总书记视察上海市杨浦滨江时，称赞昔日的"工业锈带"已经变成了"生活秀带"； 2020 年，北外滩控规批复	聚焦公共空间重构，注重两岸综合品质提升
阶段 5 （2021 年至今）	推进"浦江之光"行动，增强金融服务实体经济能力；促进城乡融合发展；全面深化改革，充分激活高质量发展动力	资金来源：政府财政 + 市场投资 实施主体：运营机构 + 产业社群 + 第三方 运作方式：各主体紧密合作 2020 年 11 月，位于杨浦滨江的中交集团上海总部基地启动建设； 2021 年 11 月，上海市十五届人大常委会第三十七次会议表决通过了《黄浦江苏州河滨水公共空间条例》，这是上海首部针对公共空间的立法，为"一江一河"滨水公共空间实现高质量发展、建设具有全球影响力的世界级滨水区提供了法治保障； 2023 年 11 月，习近平总书记再度来上海考察，曾访问过的"人人屋"党群服务站为市民提供了优质的教育新阵地，再一次强调了践行"人民城市"发展理念	逐步建成具有世界影响力的世界级滨水区

图 4.3 杨浦滨江公共空间

4.1.1　多元复合的高质量功能承载

凭借因功能置换与产业结构调整而获取的土地资源，黄浦江两岸地区一直以来都构成了中心城区转型发展的重要战略空间。2010年以来，外滩的重新开放、世博会的成功举办等社会行动实践，更具现实意义地体现出黄浦江两岸的综合开发在有机联系浦东和浦西城市功能与产业集聚、在激发城市中心区和滨水地区活力上的重要价值与关键作用。

2020年，上海市人民政府批复同意《北外滩地区控制性详细规划》，其中提出将北外滩地区建设成为与外滩、陆家嘴错位联动、居职相融、孵化创新思维的新时代顶级中央活动区、汇聚现代化国际大都市核心发展要素的世界级会客厅、全球超大城市精细化管理的典型示范区。北外滩地区发展提出着力打造四个独具魅力的文化片区，以增强地区文化辐射力和竞争力。其中，四川北路片区打造为海派时尚文化区，虹口港片区打造为滨水生态娱乐区，提篮桥片区打造为创新生活体验区，核心商务区打造为高端品质集聚区（图4.4）。目前在该地区，北外滩滨江国客中心码头880米岸线已对外开放，核心区空中连廊系统示范段、雷士德工学院旧址保护修缮工程、北外滩友邦大剧院、世界会客厅等一批重大项目建成并投入使用（图4.5）。

时至今日，黄浦江两岸地区更新与建设开发还远未结束，在上海城市转型发展过程中承担着重要角色，在多区域、多层次、动态化的规划设计推进语境中，对标世界级城市会客厅的发展目标，更加强调黄浦江沿岸的创新引领，发挥产业的富集优势，强调文化、生态、创新等不同功能集群的多元复合发展，以及不同集群间的错位互补，形成联动互利、带动促生关系，构成空间发展序列。

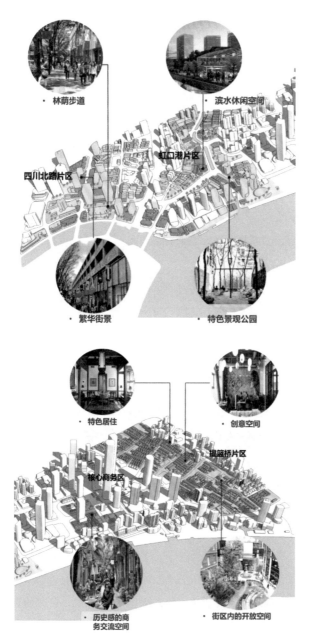

图 4.4 北外滩地区功能结构图

（图片来源：《北外滩地区控制性详细规划》）

图 4.5 北外滩滨江扬子江码头段、世界会客厅

4.1.2　多样综合的公共空间区域更新

2019 年 11 月 2 日下午，习近平总书记实地考察杨浦区滨江公共空间，调研上海城市公共空间建设，并提出了"人民城市人民建、人民城市为人民"的重要思想。根据"一江一河"建设规划，黄浦江沿岸致力于打造全方位贯通可达、景观优美、设施完善的公共空间系统，并着力使滨江空间融入城市公共空间网络，"还江于民"，将黄浦江两岸塑造成世界一流的城市公共客厅。新时期上海的水岸不仅仅有优秀的历史街区、大量的工业遗产，还有丰富的滨江公共休闲空间，以及在新时期日益凸显的创意与文化空间。其中，杨浦滨江（东外滩）、北外滩、陆家嘴、外滩、南外滩、世博滨江浦西段（里滩）、世博滨江浦东段及后滩区域、徐汇滨江（西岸）、前滩、滨江三林段等十处水岸区域性节点形成了各具特色的滨水公共区域，同时还有多处"望江驿"来补充和完善滨水空间和沿线街区范围内的公共服务功能，真正意义上使黄浦江两岸成为人文内涵丰富的城市公共客厅。

（1）西岸原龙华机场地区：历史记忆融入活力功能

上海徐汇滨江是中国近代民族工业的起源地之一，曾经集聚"铁、煤、油、砂"等工业厂区，是一条封闭的生产型岸线。徐汇滨江地区曾是近代上海重要的交通运输、物流仓储和生产基地，聚集铁路南浦站、北票煤码头、上海飞机制造厂、龙华机场、上海水泥厂、白猫集团、上粮六库等大工业厂区，涉及优秀历史建筑、文物保护点、首批工业遗产等称号的建筑达十余处。随着上海产业结构升级优化，大量工业企业、厂区搬迁至郊区，历经十余年大规模城市更新，徐汇滨江已逐步打造成为生活秀带、产业绣带。

其中，龙华机场所在地位于龙华镇百步桥一带，民国初年曾是淞沪护军使署的江边大操场，辟建于 1915 年年末，1917 年开始改建飞机场，著名的"中国航空公司""欧亚航空公司"皆诞生于此（图 4.6）。我国著名飞机设计师沈可曾在 20 世纪 70 年代随 5703 厂在这里工作，当时沿黄浦江边都是厂方的建筑，江上还有许多木头的小船。随着飞机机型越来越大，龙华机场仅有 1 800 米的机场跑道已不能满足飞机的起降，至此其作为机场的功能逐步减弱，直至关闭（图 4.7、图 4.8）。西岸滨江龙华机场地区更新中，保留和重塑地区航空跑道、机库和航空文化内涵，建设以航空文化遗迹为主题的滨江空间。原龙华机场航油罐变身为油罐艺术中心，共由五个油罐组成，三个油罐连接作为美术馆展览空间，其余则作为配套功能使用。而原上海飞机制造厂冲压车间厂房变身为西岸艺术中心 A 馆。依托工业遗存，徐汇滨江已发展成为极具艺术文化特质的滨江商务区。

　　而原为龙华机场跑道的区域改造成为徐汇跑道公园。这条混凝土跑道修建于 1948 年，长 1 830 米、宽 80 米，直至 2011 年机场关闭，其承载飞机起降的使命才正式宣告结束。随着徐汇滨江地区近年来规划为混合开发区，停用多时的旧机场跑道焕发了新生。在总体规划中，原机场跑道被改造为并置的公共街道与线性公园，使其成为现代生活的跑道，既为附近社区提供了休闲空间，又在周围的高密度再开发项目中间创造了宝贵的绿地。这里既可追溯上海城市发展的历史，也是一处公园和街道组织成的公共空间，为自行车和行人创造了多样化的线性活动场地。为了反映场地的历史文脉，设计灵感源于机场跑道的流动感，公园内许多空间的设计为行人和自行车在行进的过程中创造了上升、下降及俯视地面的体验，唤起了人们乘坐飞机时的感受，不仅向游客展现了基地作为机场跑道的历史，同时也提供了多种感受场地的视角（图 4.9）。

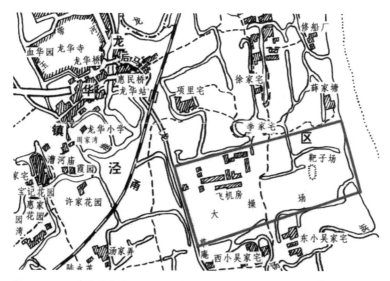

图 4.6　1930 年龙华镇地图局部，图中红色部分为当时龙华机场区域[1]

图 4.7　1948 年龙华机场地图[2]

图 4.8　1979 年龙华机场航拍图[3]

---

① 良图好颂影像资料库|上海最早的机场——龙华机场[EB/OL].(2024-7-1)
　　[2024-11-20].https://mp.weixin.qq.com/s/f0abrzdYC100p9yxStmsMg.
② 同上。
③ 同上。

图 4.9　油罐艺术中心、跑道公园

（2）浦江东岸"望江驿"：特色人文的公共服务空间

浦江东岸的"望江驿"则是另一种对人文空间打造的方式。在东岸22千米滨江公共空间内，按照一千米一驿站的要求，共设置22座驿站，既是服务点，也是滨江空间的"点睛之笔"。驿站选址在跑步道与骑行道之间，便于到达；同时选在可直接望江的绿化林荫中，既融入环境，又可望江驻足休憩，体现"望江驿"的意境。每处驿站占地面积在200～400平方米不等，建筑面积150平方米左右，融合了休憩、阅读、沙龙等多种功能。在保证基本公共服务功能的基础上，以"一驿站一特色"为目标，开展文化体育、科技金融等各类创新成果的滨江展示和体验活动，有效发挥东岸"会客厅"的窗口作用。例如，1号望江驿的主题为"悦读"，由五峰书院运行，开展各项公益活动（国学诵读、亲子读书会、晨悦·晨阅、手工DIY等），每月做4～8场公益活动，内容主要围绕亲子阅读、手工制作、读书分享会等主题。2号望江驿的主题为"身临"，由东方财经运行，聚焦金融主题，汇聚了主流媒体报道中的金融事件、浦东地标背后的金融故事以及与百姓息息相关的金融记忆。3号望江驿的主题为"遇见"，由东方财经运行，作为城市文化会客厅，打造了供老百姓休息、看书的城市书房。这里曾经也是全媒体网络直播间，百度、爱奇艺、咪咕直播等22家网络视频直播平台成功入驻。室内陈列了国际象棋世界冠军居文君儿时练习国际象棋的棋盘、芭蕾舞皇后谭元元曾经练功的舞鞋、作家叶辛《勤耕善读曹村人》的手稿等。6号望江驿命名为"奋进"，是一个着力打造浦东国资国企精神风貌的传播平台，通过图片展览和多媒体形式，展示黄浦江东岸的开发历程和发展变迁，同时集中介绍了多家浦东国资国企的精神风貌，让市民在休憩之余还能深切感受到新时代发展变迁（图4.10）。

从工业锈带到生活秀带发展绣带

2017 2018 2019 2020 2021 2022 2023

图 4.10 浦江东岸 6 号望江驿与活动步道

4.1.3 安全韧性的生态空间与设施考量

《上海市城市总体规划（2017—2035 年）》提出建设卓越的全球城市，令人向往的创新之城、人文之城和生态之城，黄浦江及沿岸地区作为上海重要的蓝绿空间，更加注重以生态为基，促进人与自然的和谐共生。近年来，通过"一江一河"的生态建设注重加强多维度生态格局培育，建设韧性平衡的大尺度滨水生态廊道。各级政府部门不断推进滨江绿化系统性和多样性建设（如世博文化公园、前滩休闲公园等），加强楔形绿廊布局（如三林楔形绿地等），完善绿网结构，营造滨江绿色低碳的示范带（如前滩国际商务区等）。另外，黄浦江西通太湖、东汇长江，是上海市水系网络的大动脉，更是民生安全的底线。确保水情稳定可控，是上海城市安全运行、构建韧性城市的核心任务。因此，围绕河口建闸提升防汛水平方面也开展了相关研究探索。

（1）世博文化公园：城市生态绿洲与文化地标

滨江生态空间的一个典型案例当属 2021 年年底开放的上海世博文化公园。上海世博文化公园用地面积约 2 平方千米，原为备用地，只有沿江第一界面为规划绿地。自上海世博会闭幕以来，上海市委、市政府高度重视世博会地区的后续开发与利用。在 2013 年每一轮后滩规划方案中，此处规划为约 160 万平方米建筑量的商务区。2017 年 3 月，市委、市政府主要领导在充分听取专家、部门、群众代表等多方意见后，回应广大市民对于建设生态之城的期盼，提出后滩区域不搞商业开发，而是聚焦文化内涵和生态建设，打造开放的、让市民群众共同享受的大公园，自此启动相关规划、建设工作。

上海世博文化公园着眼完善生态系统、提升空间品质，力求延续世博精神、文化融合创新，其中绿地规模占总建设用地的 80% 以上，可以说构成了上海城市中心的生态绿洲和文化新地标。公园以历史水系、工业记忆、世博肌理为代表元素，叠加森林、湿地、草坪，形成"水、地表、人文、自然"多重层叠的景观结构体系；重新利用 4 座保留场馆，实现世博肌理的景观化延伸，呈现了从世博会园区到城市中心生态体验区的转变；借助叠山理水的构建方式，力求自然展示江南文化元素，其中最具有江南园林形式的申园，演绎了森林和园林的交融共生；物种选择方面，保留乔木和新种乔木构成的七彩森林，绘就了城市森林到自然森林的绵延画卷；巧借种子绽放过程，承载场地的过去与未来，意喻城市精彩转型。

2024 年 9 月，世博文化公园南区建成开放，其中包括国内规模最大的复合型展览温室——上海温室花园。其总建筑面积 3.75 万平方米，约为上海辰山植物园温室的 1.88 倍。最大温室（云雾峡谷）长 200 米、宽 63 米，最大单体高度 22 米；其中，最长回旋吊索桥总长 205 米，最长回旋吊索楼梯总长 140 米。上海温室花园的所在位置是上钢三厂旧址，因此外形设计保留了老厂房的钢筋结构桁架作为整个场地的重要标志，同时其自身也成为新建筑结构的一部分，承载着历史的记忆。温室花园的四个建筑单体采用云状曲面玻璃，穿插于旧钢厂构架之中，创造出新与旧、静与动、现在与过去、城市与自然相互交融穿越的气象（图 4.11）。

（2）河口建闸：提升城市防汛水平的行动探索

黄浦江现行防汛墙是按照 1984 年水利部批准的千年一遇防洪标准设置的，但由于近年来受全球气候变暖、极端气候多发及流域工情水情变化等影响，黄浦江高水位（特别是中上游段水位）出现趋势性抬升，现状堤防防御能力已达不到原规划标准要求。因此，为满足新时代的环境要求，需对黄浦江防洪功能进行提升。提升方案主要包括两个方向：一是加高加固黄浦江防汛墙，二是黄浦江河口

图 4-11　世博文化公园温室花园外部与内部空间

建闸。针对两种方案的可行性和优缺点，规划、水利、建筑、结构等多专业人士组成联合技术团队，通过多方案比较和模型测试，基本达成一致建议选择河口建闸的方式。这与上海 2035 总规中提出的"加强黄浦江河口水闸前期研究，并择机建设"相一致。在综合考量岸线尺度、水深情况、生态要求、腹地空间等因素的基础上，多专业协同完成了《黄浦江河口水闸前期技术储备研究》报告（以下简称"水闸研究"），其中提出了吴淞码头和军工路码头两个闸址方案，并对两个闸址进行了建筑方案设计和周边滨水地区与腹地的城市设计，为政府部门统筹决策提供专业、全面的技术支持。

　　结合水闸研究的现状分析可以发现，闸口选址区域有着大面积的存量土地、待贯通的滨江岸线、品质待提升的郊野绿地，以及广阔的发展腹地和人口基础，同时宝山岸段的工业和码头见证了上海的发展变迁，是未来黄浦江沿岸更新的重要节点。由此，水闸研究的闸口设计方案，着重从历史维度找资源、现状维度找问题、发展维度找动力，提出未来的目标和愿景——"韧性浦江、河口复兴"。研究提出了设计方案支持和行动配合模式建议，提出通过这一河口建闸方案，可以替代黄浦江防汛墙加高，并使黄浦江全线的防洪潮韧性产生质的飞跃，同时，有利于带动吴淞口老工业区、港区的转型更新，并实现黄浦江岸线的持续贯通，提升世界级滨水区的显示度。具体包含以下建设目标导向下的行动举措：①城市安全，河口地标。在保障城市安全、满足防洪要求的前提下，防洪闸在设计上可以体现特色和标识性，结合闸口公园形成新的河口地标（图 4.12）。②滨江岸线，工业遗存。打通黄浦江两岸的市级滨江岸线，结合蕰藻浜滨河岸线，形成 Y 形滨水开放空间，联结区域内工业遗存和港区风貌，传承历史特色（图 4.13）。③蓝绿网络，腹地联动。通过对片区内公园绿地进行梳理，结合黄浦江、蕰藻浜及南泗塘、北泗塘等河道水系，构建网络化的城市蓝绿体系（图 4.14）。④慢行友好，回归生活。结合开放空间组织连续的慢行系统；各个片区内及片区间基于不同功能组合，形成多样复合的生活中心，让河岸从城市边缘回归城市生活（图 4.15）。

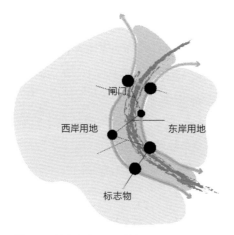

图 4.12　城市安全，河口地标

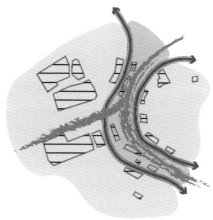

图 4.13　滨江岸线，工业遗存

图 4.14　蓝绿网络，腹地联动

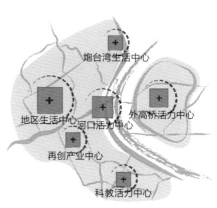

图 4.15　慢行友好，回归生活

4.2 "蓝色网络"：系统规划与实施引导

　　上海区域，从三江入海到黄浦夺淞，水系变迁和冈身以东外延，形成了上海独特的江河湖荡地貌。空间结构上看，上海城市内部水系以黄浦江和苏州河为主干核心，内河骨干河流的流向以自西向东为主，形成密集的网状水系格局。而徐汇区位于上海市中心城的西南象限，黄浦江西岸，具有深厚的历史文化底蕴，也是历史上河网纵横的地区之一。当前，其行政范围内除黄浦江外共有 41 条内河，河湖基础条件较好，同时这些河道对推进上海蓝网绿道建设也承担着重要的作用。从全市层面来看，由于内河水系及两岸地区涉及不同的管理部门和多层次的项目类型，聚焦一定区域范围、自上而下系统性的规划实践并未全面铺开。自 2018 年开始，徐汇区推进和整合徐汇区河道水系专项规划研究，蒲汇塘、龙华港及漕河泾港等骨干河流的更新规划设计及控制性详细规划调整实施落实，开展多层次规划和设计引导、促进管理实施衔接，率先开展徐汇区"蓝色网络"系统规划与更新行动实践（以下简称"蓝色网络"规划），将生态保护与滨水开放贯彻始终，提出多层次水域、陆域联动发展的模式框架，重点围绕专项规划、主干河流两岸更新研究、控制性详细规划和重要节点城市设计等多层次工作内容，形成从系统规划到实施引导的层层传导、多方协作，助力建设徐汇区滨河空间"生活秀带"，构成内河两岸更新行动的创新探索。

4.2.1　整体格局下的网络建构

　　根据区志记载，徐汇区内河道属黄浦江水系，历史上曾有大小河浜约 500 条，蜿蜒曲折向东注入黄浦江，早在唐天宝年间就有货船往返，元代为华亭县运漕要津（图 4.16）。纵观徐汇区的发展历程，河流是城区兴起的源头与演化的脉络，徐汇的"汇"字正是来源于蒲汇塘、肇嘉浜和李漎泾（出自嘉庆《上海县志》）三条河道曾在徐家汇地区相交汇的历史（图 4.17）。然后，自 1914 年以来，因环境问题，徐汇区内先后填埋了法租界内的部分河段，新中国成立后又填埋了肇嘉浜河段。至 1960 年左右，北部徐家汇地区的河道已基本消失。从目前徐汇区河道水系的分布来看，可以概括为"一轴五横三纵"的水系空间骨架，其中"一轴"指黄浦江，"五横"指蒲汇塘、

图 4.16　清末龙华塔、龙华港河道影像[1]

---

① 上海发布【记忆】龙华的故事说不尽, 这些老照片里有你的记忆吗? [EB/OL].(2019-12-21)[2024-11-20].https://mp.weixin.qq.com/s/uXJJPPWvi7yEpse8n8rk0w.

漕河泾港—龙华港、张家塘、淀浦河、春申塘五条横向骨干河道，
"三纵"指上澳塘、东上澳塘、梅陇港三条纵向骨干河道。

　　根据上海 2035 总规，徐汇区现状和规划的河湖水面率位居中心
城浦西片区第三位，规划生态空间面积位居第二位，现状河网密度
位居第三位。徐汇区内的河网绿带，与市级生态走廊、生态间隔带、
近郊绿环、楔形绿地等紧密衔接，共同形成了由外向内层层渗透、
由郊区向中心城层层传导的多层次、网络化、功能复合的生态空间
格局。另外，徐汇区由于南北长、东西窄的空间版图，东侧受黄浦
江阻隔，导致历版规划中均以南北方向发展轴带为主，即沪闵路和
滨江发展轴。一方面承载着上海生态网络的重要功能，另一方面也
是徐汇区空间结构骨架中不可或缺的发展轴带（图 4.18）。

图 4.17　徐汇区三水（蒲汇塘、肇嘉浜和李漎泾）交汇
示意（根据《徐汇区志》中历史图纸绘制）

图 4.18　徐汇区水系空间骨架与城市南北
发展轴带的关系

4.2.2 目标传导与要素的提取

本次"蓝色网络"规划实践，围绕系统性方面，基于内河水系脉络与骨架梳理，通过核心目标框架下的子目标分解细化（图4.19），来确保规划目标和策略的自上而下连续传导，以建设公共开放的内河滨水空间为总目标，重点着眼水生态、水活力、水文化、水景观四个块面[1]，进行了从全区系统到重点河道，再到滨水街坊的规划布局传导，进行河道主导功能分类，提出功能分段建议，引导形成滨水公共活力圈、历史人文景观，促进了滨水街坊功能向公共性的转变与实施引导（图4.20）。

根据河道所处的区位、两侧腹地功能、资源禀赋等内容，将河道的主导功能分为五个类型，即公共活动型、生活服务型、生态保育型、历史风貌型、创新产业型。以五类功能段奠定各河段的发展基调，结合不同功能段的特征各有侧重，并细化为有针对性的导则内容。例如，结合两岸腹地的现状与规划用地情况，蒲汇塘桂林路以东的主导功能为生活服务型河段，在具体考虑滨水贯通策略时，权衡业主权益与公共利益，通过小区围墙后移退出滨河通道、局部与街坊内部通道相连以确保慢行连贯等方式，进一步提升滨河贯通率；蒲汇塘桂林路以西的主导功能划定为创意产业型，规划则从鼓励园区共享开放、滨水空间预留慢行道的角度，来对滨河贯通率提出提升目标建议。

---

[1] 其中水生态关注水绿空间品质,提出修复水岸生境的策略;水活力重点强调用地的功能复合,活力植入;水文化则注重突出徐汇文化底蕴,加强对历史要素在滨水地区的保护与再现;水景观围绕驳岸改造、植物配置、家具设计等,打造差异化的河岸景观。围绕这四个维度提出相应规划策略,并关注相互之间的关联与整合,确保核心目标的有效传导。

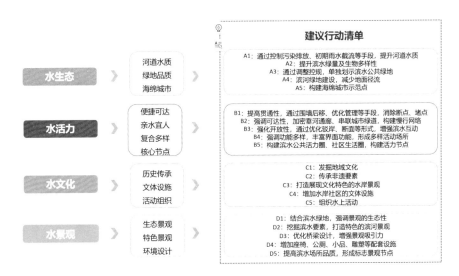

建议行动清单

水生态 > 河道水质　绿地品质　海绵城市 >
A1：通过控制污染排放、初期雨水截流等手段，提升河道水质
A2：提升滨水绿量及生物多样性
A3：通过调整控规，单独划示滨水公共绿地
A4：滨河绿地建设，减少地面径流
A5：构建海绵城市示范点

水活力 > 便捷可达　亲水宜人　复合多样　核心节点 >
B1：提高贯通性，通过围墙后移、优化管理等手段，消除断点、堵点
B2：强调可达性，加密垂河通廊、串联城市绿道，构建慢行网络
B3：强化开放性，通过优化驳岸、断面等形式，增强滨水互动
B4：强调功能多样，丰富界面功能，形成多样活动场所
B5：构建滨水公共活力圈、社区生活圈，构建活力节点

水文化 > 历史传承　文体设施　活动组织 >
C1：发掘地域文化
C2：传承非遗要素
C3：打造展现文化特色的水岸景观
C4：增加水岸社区的文体设施
C5：组织水上活动

水景观 > 生态景观　特色景观　环境设计 >
D1：结合滨水绿地，强调景观的生态性
D2：挖掘滨水要素，打造特色的滨河景观
D3：优化桥梁设计，增强景观吸引力
D4：增加座椅、公厕、小品、雕塑等配套设施
D5：提高滨水场所品质，形成标志景观节点

图 4.19　四个维度子目标传导与规划策略引导

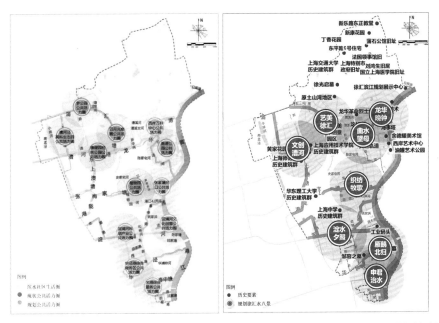

图 4.20　徐汇区"蓝色网络"系统规划与更新行动对于滨水公共活力圈、历史人文景观的规划引导

4.2.3 引导实施："一河一表"

在实施引导层面，进一步细化形成每条河道的建设指引，即"一河一表"。一方面，整合河道基本信息和两岸腹地现状与规划情况，并围绕总目标与分项目标，结合河道定位与主导功能，明确水生态、水活力、水文化、水景观四个维度的规划导引；另一方面，针对滨水岸线和相邻腹地，提出刚性和弹性协同管控的要素内容，对滨河有潜力的城市更新地块提供选项清单和建议行动计划，清晰地给出后续河道相关工作的实施引导指南。

通过"一河一表"建设指引，可以促进更加针对性、精准化的施策，实施分类指导、特色引导，落实刚弹并济的实施路径。其中，结合每条河道的地域特点，通过差异化的设施配置、腹地联系、景观设计，可以更好地避免"千河一面"，营造多样化滨河空间；更加突出以人为本，细化滨河空间的使用人群，提供服务全年龄段的河岸空间；针对公共活动型河段，将滨水地区进行整体设计考量，为市民提供地标性、开放型活动场地；生活服务型河段重点围绕老人和儿童的日常活动需求，并通过慢行组织与社区服务设施串联；创新产业型河段则尽可能为年轻就业人群提供休闲、商务的交往型空间。

比如，在龙华港、漕河泾港"一河一表"引导中，在规划导引方面，分别针对水质提升、岸线贯通、垂河通廊，以及历史文化元素的植入、配套服务设施的设置、景观小品的布局等提出了建议；通过综合评估龙华港、漕河泾港两岸连通的可能性，根据生活服务型河段上架桥的导则要求，提出新增桥梁建议；同时在沿岸工业地块更新转型过程中，结合规划评估中社区文体设施存在缺口的情况，建议沿岸工业地块更新转型优先考虑社区文体设施功能，以及结合地区历史文化进行特色景观河段的打造（图4.21、图4.22）。

图 4.21　龙华港 "一河一表" 规划引导示意

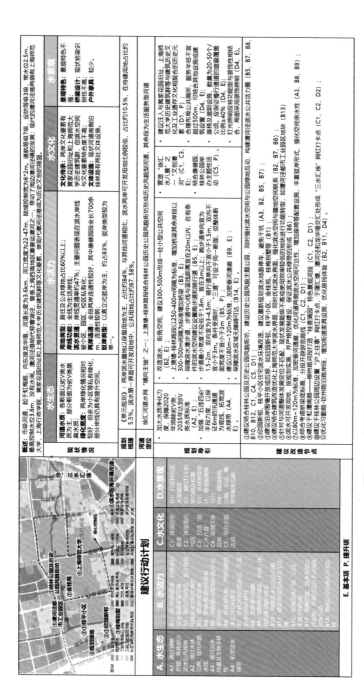

图 4.22　漕河泾港 "一河一表" 规划引导示意

4.2.4　促成各部门工作的协同

2016 年 10 月，习近平总书记主持召开的中央全面深化改革领导小组第 28 次会议通过了《关于全面推行河长制的意见》，到 2018 年 6 月底，河长制在我国 31 个省（自治区、直辖市）全面建立，"百万河长，护水长清"的治河新时代全面推进。上海在 2017 年 2 月正式发布《关于本市全面推行河长制的实施方案》，从组织体系、工作任务、组织保障及考核问责等方面明确了本市河长制建设的主要内容，具体包括建立市 – 区 – 街镇三级河长体系，制定了六个方面 21 项主要任务，并将河长制实施情况纳入市政府目标管理。2018 年 12 月，《上海市河道规划设计导则》公开发布，作为全国首例对河道规划设计的探索，该导则从上海城市发展和实际需求出发，结合地域特点，针对河道及沿线陆域的规划、设计、建设和管理进行了积极探索，为其他城市及地区河道导则的编制提供借鉴。

徐汇区内每一条河流均明确落实河长制，每一条河流都有人养护。但要实现《上海市城市总体规划（2017—2035 年）》中提出的"创新之城、人文之城、生态之城"的发展目标，还需要从观念上锚固国土空间一盘棋，"水 – 岸 – 城"统筹规划、联动发展、协同管理的理念，在技术层面不断探讨多领域互通、多层级传导的方法与路径，对河流水面和腹地陆域空间进行整体的规划设计与工作引导。同时统筹规划、水务、环境、绿化、交通等各方面的管理，持续提升社会各方的共识，促进河道与城市发展有机共生，实现社会、经济、环境等各方面利益的共赢（图 4.23）。

相应地，本次"蓝色网络"规划实践，首先，在现状基础调查阶段，坚持"多规合一"，详细摸清河道水系各项底盘底数。实践推进过程中，联结多个管理部门，了解掌握水务、交通、绿化、河长办等多部门相关工作情况，全面梳理全区 41 条河道信息，包括河道

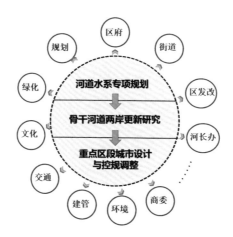

图 4.23　各部门工作协同示意

基础数据、现状调研材料、图纸内容、两岸腹地规划情况。通过翔实的调查汇总，整理出分系统的现状评估图纸、表格和统计数据。

其次，秉持规划的协同性、整合性、包容性原则，密切衔接市、区、社区各级相关的工作内容。上到市级层面的黄浦江建设规划，下到社区层面的 15 分钟社区生活圈规划，"蓝色网络"规划实践均体现出与这些当前重点工作的深度对接。例如，在《黄浦江沿岸地区建设规划（水务篇）》中，规划以徐汇区河道水系专项规划为基础，提出张家塘港支流综合整治工程的典型区段城市设计方案，承接泵闸外移的规划目标，从水务的角度进一步补充专业论证，为张家塘港区域的整体环境提升加强了规划支撑。

再者，在规划实施阶段，注重将设计内容和成果表达分解细化，并将管控要求具体化，以实现成果表达的精细化、实用化，保障规划成果有效落地实施，同时便于管理人员参考使用。针对建设实施指引，解决以往管理机制各自为政的问题，统筹规划、建设、管理三大环节，会同相关部门和街镇，围绕重点任务，形成分年度、近中远衔接的行动计划，有效引导相关规划完善和项目建设工作。

第五章

基因传承：
在地性与历史风貌提升

5.1　苏州河两岸的再生与活化

苏州河亦称吴淞江，发源于东太湖的瓜泾口，全长125千米，在上海境内约54千米，流经市区约17千米，河面最宽处约50米，最窄处30米左右。明代之前，吴淞江还是太湖的主要出海通道，黄浦江只是吴淞江的支流（图5.1）。吴淞江在那个时候，水量要远大于黄浦江。明永乐年间，吴淞江淤浅严重，黄浦口淤塞不通，户部尚书夏元吉就提出，把吴淞江南北两岸支流都给疏通一下，让太湖水流入浏河、白茆，直注长江。此方案与上海相关的部分，则是疏浚上海县城东北的范家浜（即今黄浦江外白渡桥至复兴岛段），使黄浦江从今复兴岛向西北流至吴淞口注入长江。实际上就是把原来的吴淞江入海口变成黄浦江入海口，也就是后来所说的"黄浦夺淞"（图5.2）。吴淞江入海口变成了黄浦江入海口，地名依旧叫吴淞口。当时的主干道吴淞江，慢慢变成黄浦江的支流。近代以后，外国人乘船溯吴淞江而上赴苏州，故又把吴淞江叫作"苏州河"。苏州河沿岸的变迁是上海城市发展历程的缩影，也是展示城市文化和形象的重要标志空间。自1988年起，为解决黑臭问题，苏州河一共实施了四期综合整治工程。近年来，则已从单一的水质治理逐步走向综合提升，产业用地转型、重点项目建设和沿岸贯通工作陆续推进实施。

根据《苏州河沿岸地区建设规划（2018—2035年）》中建设为特大城市宜居生活的典型示范区的定位，将围绕沿岸的生活功能，增加文化辐射力，修复生态环境，满足人民对滨水公共活动需求，近年来，苏州河从水体治理逐步向岸线贯通、功能提升、公共开放的方向演化过渡，围绕滨水地区复兴、历史建筑活化利用、空间环境品质提升等，形成大量的示范案例并逐步显示出实践成效（表5.1）。

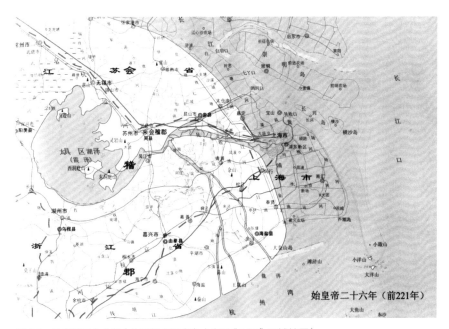

图 5.1　始皇帝二十六年（公元前 221 年）太湖及"三江"区域地图[1]

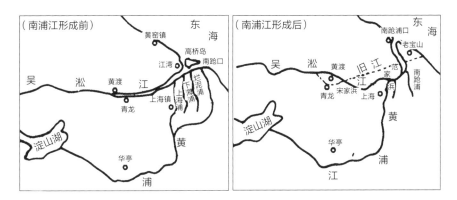

图 5.2　明代黄浦夺淞示意[2]

① 上海教育电视台乐龄生活|上海的母亲河，除了黄浦江，还有她！[EB/OL].(2024-3-9)[2024-11-20].https://mp.weixin.qq.com/s/dmgxMuMbqu2bx7H58SJXYA.

② 同上。

表 5.1　苏州河滨水地区开发案例的阶段与特征梳理

	阶段 1 （1988—2000 年）	阶段 2 （2001—2015 年）	阶段 3 （2016—2020 年）	阶段 4 （2021 年至今）
规划设计与建设进程	1988 年，上海市政府着手治理严重污染的苏州河； 1993 年，苏州河治理一期工程完成，将 70.57 千米服务范围内原直排污水截流外排，对改善苏州河的水质起到了一定作用； 1996 年，上海市委、市政府进一步提出对苏州河进行环境综合整治，以彻底解决苏州河环境问题； 1997 年，成立了苏州河环境综合整治领导小组，市长担任领导小组组长，全面开展苏州河的环境综合治理工作，为苏州河两岸工厂关停搬迁、土地出让、房地产开发、生态绿地建设拉开了序幕	2002 年，上海市相关部门批准《苏州河滨河景观规划》作为苏州河沿线开发的管理依据，将"确保苏州河内环段全线滨河空间对公众开放"作为规划原则之一； 2002 年，两岸建成滨河绿地 10 万平方米，大大改善了苏州河的水质和环境面貌； 2003 年，"苏二期"工程启动； 2007 年，"苏三期"工程启动； 2009 年，长宁区启动苏州河长宁段整体改造，包括拆除沿岸部分楼盘和绿地的围墙、改造升级 6 座滨江公园、挖掘苏州河沿线历史文脉与近代工业遗迹等，打造富有特色的"苏河印象"	2016 年年底，静安区为打造苏州河一河两岸人文休闲创业集聚带，组织了 4.3 平方千米范围的城市设计国际方案征集； 2017 年 12 月，上海市政府发布《苏州河环境综合整治四期工程总体方案》，苏州河环境综合治理四期工程拉开序幕； 2018 年，"苏四期"工程启动； 2018 年，普陀区提出了"苏州十八湾"魅力提升工程，计划到 2020 年基本建成具有国际水准的文化景观带； 2018 年年底，长宁区 11 千米苏州河健身步道全线贯通，串联起临空 1 号、2 号公园及风铃公园、天原河滨公园、虹桥河滨公园、中山公园等公园绿地； 2019 年 1 月，上海市人民政府批准《苏州河沿岸地区建设规划（2018—2035 年）》； 2019 年 12 月，上海市嘉定区发展和改革委员会下达《苏州河中心城区两岸（嘉定段）贯通工程城市维护类项目概算审核意见》（2019-1），对嘉定区苏州河沿岸岸线进行贯通，积极推进苏州河沿岸城市更新及用地转型，建设生态廊道，提升生态质量； 2020 年，苏州河中心城区两岸（嘉定段）贯通工程于 5 月开通，12 月完工	2022 年，苏河湾万象天地正式开幕； 2022 年，苏州河游船试航； 2022 年年底，苏州河（普陀段）两岸景观照明一期工程全面建成； 2022 年 7 月，吴淞江工程（上海段）苏州河西闸工程正式开工，到 2023 年 6 月，该工程已初步具备通水条件，进一步提升苏州河两岸防洪、除涝排水能力
阶段特征	基本消除黑臭，对重点地区截污整治	稳定水质，改善两岸绿化环境；改善水质，恢复生态系统	重点提升全流域水质，实现苏州河两岸滨岸带贯通和景观提升	以打造特大城市宜居生活的典型示范区为目标，持续推进"一江一河"行动

5.1.1　历史文化与现代生活的融合再生

苏州河两岸 42 千米范围已全线贯通（图 5.3），各区充分发挥水岸资源的文化性、生态性等公共价值，开展了各类相关规划工作，整体带动了沿岸地区的更新发展。

其中，黄浦区苏州河段岸线总长约 3 千米，东起外白渡桥，西至成都路桥。这里是"一江一河"的交汇处，是全市苏州河岸线的重要门户，具有展示形象、承载文化信息、容纳公共活动的特质。黄浦段的"苏河之门"（图 5.4），是"一江一河"的交汇门户，其中的重要地标外白渡桥，是中国首座全钢结构铆接桥梁，于 1907 年竣工。

所属区域	河段长度	贯通情况	贯通时间
黄浦区	近 3 千米	全线贯通	2021 年 6 月
静安区	6.3 千米	全线贯通	2020 年 12 月
普陀区	21 千米	全线贯通	2021 年 7 月
虹口区	900 米	全线贯通	2020 年 12 月
长宁区	11.2 千米	全线贯通	2020 年底
嘉定区	670 米	全线贯通	2020 年 12 月

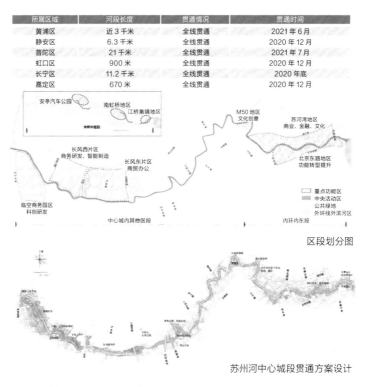

图 5.3　苏州河两岸 42 千米全线贯通

（图片来源：《苏州河沿岸地区建设规划（2018—2035 年）》）

图 5.4 "苏河之门"（拍摄：汪孝安）

建成时，大桥全长约 107 米，总宽 18.26 米，车行道宽 11.06 米，能够顺利通过有轨电车，开启了苏州河两岸交通、贸易及城市建设的新篇章。苏州河南岸的外滩源地区，保留着一批建于 1920—1936 年间的各式近代西洋建筑，其中最早的建筑可追溯至 1849 年，即现存最早的外滩源壹号，原英国驻沪总领事馆。自上海 1843 年开埠以来，外滩源地区就逐渐发展成为贸易和金融业的中心。19 世纪 60 年代后，随着外国金融家和专业技术服务公司的大量涌入，外滩源地区成为政治、文化、西学、金融、商业的重要发源地之一。这里汇聚了高端购物中心、餐厅、艺术展览等，并且不断有新的艺术和品牌在此举办首发活动。2023 年，外滩源所在的外滩 01、02 更新单元作为上海市 10 个重点更新单元，通过"三师"联创概念设计方案，集中全社会的智慧和力量来推进全市域、全类型、全周期、全链条的城市更新可持续模式创新，构建共建、共治、共享的治理格局（图 5.5、图 5.6）。

静安区苏州河段岸线约 6.3 千米，其中北岸（远景路—河南北路）长 4.7 千米，南岸（安远路—成都北路）长 1.6 千米。静安区重点围绕"一河两岸"打造中央活动区滨水活力中枢。苏州河静安段一河两岸城市设计项目启动于 2015 年 11 月，伴随上海市原闸北区、原静安区的两区合并，行政区上这一地区由边缘成为中心，成为中央活动区的组成部分，需要容纳更多人的活动。因此，这一实践项目的开展着重建构滨水活动中枢、文化艺术地标和市民休闲地带，强调沿承城市的文化传统并使之融入当代城市，彰显人本关怀、催化活力再生。至今该项目中关于活力网络、亲水岸线和历史保护与沿承的多项设计都得到了实践落实。其中，苏河湾地区作为新时期静安区创新转型发展的核心地带，依托苏州河黄金岸线整合两岸资源，尊重原有空间格局，突出街区创新融合，导入高能级业态，历史建筑活化再生，公共开放空间立体复合，城市文化传统得以延续并融入当代发展，构成历史文化与现代生活相融合的代表性实践（图 5.7、图 5.8）。

图 5.5　黄浦区苏州河段

图 5.6　外滩 01 更新单元福斯特方案[1]

---

① 周建非 | 高质量发展目标下的城市设计方法探讨(在"面向'人民城市'的城市设计与规划实施学术活动"上的演讲).(2024-11-15)[2024-11-20].

图 5.7　苏州河普安段"一河两岸"地区（摄影：张岑）

图 5.8　苏河湾地区

普陀区苏州河段岸线总长 21 千米，恰好是半程马拉松的长度，故称为"半马苏河"，这是普陀区独一无二的宝贵资源。近年来，贯彻落实"一江一河"建设部署，21 千米苏州河普陀段岸线实现了全面贯通，并在此基础上全力打造"半马苏河"世界级滨水区，创新提出了"半马苏河"的概念（图 5.6）。这个名称既契合苏州河普陀段 21 千米半程马拉松的特点，又能很好地体现宜居、健康、活力、共享的水岸特质。自 2021 年起，依托沿线鲜明的红色基因、厚重的工业文明、澎湃的发展活力、多彩的群众生活、宜人的生态基底，全力建设一条宜居、宜业、宜游、宜乐的"半马苏河"活力秀带。普陀区充分挖掘滨水公共空间和跨河桥梁的桥下空间进行合理选址，全面提升驿站服务能级和辐射范围。2023 年 5 月，普陀区总工会深入挖掘苏州河沿岸的沪西工人运动光荣革命史迹，弘扬红色工运文化，打造了 21 个红色工运地标，推出了"半马苏河工运记忆"寻访地图。打卡半马苏河工运火红地标"City Walk"，成为普陀职工文化生活的新时尚（图 5.9）。

长宁区苏州河滨水岸线约 11.2 千米，2020 年全线贯通并持续推进沿岸公共空间品质提升——滨水岸线以 10 个公园绿地为"珍珠"、以健身步道为连线，串联出一条连接市井百态的城市项链；华东政法大学段百年历史建筑与苏州河景观巧妙融合，一带十点，移步换景；江苏北路桥、凯旋路桥、古北路桥和中环立交桥下空间更新重塑，从"灰色"到"彩色"，历史文脉与河滨风光相融合，缤纷色彩与无限创意趣味碰撞，形成了独具特色的苏州河沿岸景观。如今，公共空间贯通理念在苏州河长宁段继续向腹地纵深拓展——西部连接 6.25 千米外环林道生态绿道，中部在支流新泾港打造 3.7 千米沿线慢行系统，一张慢行生态网正在形成（图 5.10）。

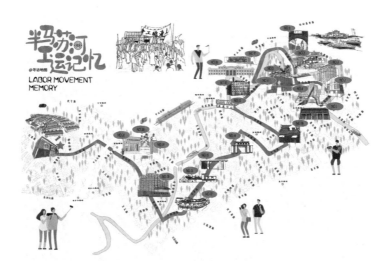

图 5.9　普陀区"半马苏河工运记忆"地图[1]

图 5.10　长宁区苏州河滨水

① 上海普陀|"半马苏河 工运记忆"寻访地图正式发布! [EB/OL].(2023-5-24)
[2024-11-20].https://mp.weixin.qq.com/s/imH3_k5osiUBEOPd1CJd6A.

5.1.2 历史建筑的保护、营造与激活

苏州河中心城区 42 千米范围内，分布有 100 多处优秀历史建筑，聚集了华资啤酒厂、面粉厂等轻工业，以及为工厂生产和银行抵押品服务的仓储建筑。但滨水工业和仓库建筑本身具有封闭性、内向性的特点，和现代城市中需要生活化、休闲性的滨水空间有很大差距，如不能进行合理有效的活化利用，不利于形成开放、丰富的滨水特色空间，因此合理的历史建筑活化利用、植入丰富多元的功能，有助于区域功能完善提升，又能打造有特色的城市空间吸引旅游者（图 5.11、表 5.2 和表 5.3）。

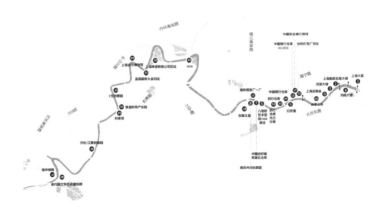

图 5.11 苏州河沿线历史建筑、桥梁分布点位梳理

表 5.2 苏州河沿线历史桥梁分布点位梳理

编　号	名　　称	更 新 情 况
1	外白渡桥	1856 年，第一代外白渡桥建成，名为"威尔斯桥"。1876 年，第二代外白渡桥建成，定名为"公园桥"。1907 年，外白渡桥建成并沿用至今
2	乍浦路桥	1927 年竣工，总长 72 米，除特大潮汛外，其他时间驳船都能在桥下航行
3	四川路桥	1878 年，工部局在此建造了一座宽为 12 英尺的木桥，于 20 世纪 20 年代初拆除改建为钢筋混凝土结构桥
4	浙江路桥	1880 年修建，如今已有 144 年的历史

表 5.3　苏州河沿线历史建筑分布点位梳理

区名	编号	名　称	更　新　情　况
虹口区	1	上海大厦	于 1934 年由英商所建，2009 年完成了新一轮内部装修，整体硬件设施得到提升
	2	上海邮政总局大楼	于 1924 年建成，2003 年起开始进行恢复性修缮工作，并辟出 2 800 平方米空间开设上海邮政博物馆
	3	河滨大楼	于 1935 年竣工，2020 年开展修缮工作并提升居民生活居住条件
黄浦区	4	光陆大楼	1925—1928 年建造，2013 年作为洛克·外滩源项目的一部分进行了建筑外立面的修缮
	5	衍庆里	建于 1929 年，2017 年以"修旧如旧，以新补新"的改造设计原则进行修缮和保留
	6	八号桥艺术空间1908 粮仓	前身是杜月笙的私家仓库，经修复重建后成为全新的文化创意园区
	7	中国纺织建筑第五仓库	1902 年建造，现改造为"UVworking 有为工社"商办空间
	8	南苏州河创意园	早年是上海滩杜月笙先生的仓库，始建于 1933 年，并依据"修旧如旧"的原则，对其进行保护性的开发利用，如今成为上海第一家综合开发、保护和利用苏州河老仓库的创意园区
静安区	9	上海总商会	成立于 1902 年，于 2012—2017 年期间进行了二次修缮，并再次向公众开放
	10	新泰仓库	1920 年作为仓库使用，为著名工业遗址，现已修缮为文化艺术空间
	11	怡和打包厂旧址	于 1907 年修建打包厂，2011 年，保护性修缮工作正式启动，主要针对原建筑的外立面修复
	12	中国实业银行货栈	建于 1931 年，2012 年以来，结合整体开发定位，对该建筑进行全面修缮升级，并置入商业文化功能
	13	中国银行仓库JK1933	于 1933 年设立，2021 年通过修旧如旧原则改建成为办公综合体
	14	中国银行仓库	建于 1935 年，为国内早期的现代仓储建筑，现逐步改建为商办空间
	15	四行仓库	始建于 1931 年，20 世纪 90 年代曾作为家具城、批发市场，2014 年开始整体的修缮保护工作，于 2015 年改造复原为抗战纪念馆

（续表）

区名	编号	名　称	更　新　情　况
静安区	16	四行仓库光三分库	1931 年建造，新中国成立以来曾经过多次修缮，如内部增加电梯、屋顶增加办公室等，立面风貌也随之改变，如今为综合性商业和商务楼
	17	福新面粉一厂	于 1912 年创办，2009 年进行建筑平移，现将改造为创意园区
	18	东斯文里	于 1921 年竣工，2013 年实施搬迁，2024 年 4 月公示结束
普陀区	19	M50（信和纱厂、阜丰福新面粉厂）	由 20 世纪 30 年代的"春明都市产业园"，在 2000 年后自发形成艺术集聚地，2005 年 4 月，正式挂牌为创意产业园区
	20	上海啤酒有限公司旧址	啤酒厂旧址一部分改造为上海苏州河展示中心，另一部分改造为精品酒店。原有建筑布局有所改变，建筑主体结构完善，其沿河立面基本保持原有设计样式
	21	宜昌路救火会旧址	1932 年建造，大楼由兼作办公、住宿和车库用的四层大楼和火警瞭望塔两部分构成。2018 年，宜昌路救火会大楼旧址的建筑外观及部分损坏之处进行了精心的修整，同时在建筑内部设立宜昌站队史馆。2020 年又进行了外观维护与库室功能升级改造，目前，已成为苏州河畔的网红消防驿站
	22	上海造币博物馆	前身为上海造币厂，始建于 1920 年，2005 年成立上海造币博物馆
	23	E 仓创意园	20 世纪 70 年代的诚孚动力机械厂，于 2006 年改建完成创意园区
	24	景源时尚产业园	原为竣工于 1922 年的日商内外棉株式会社第十三、十四工场的配电房，2009 年经上海市纺织原料公司进行改造，挂牌为"景源时尚产业园"
	25	创享塔	1918 年建成的宝成纱厂，后属解放军总后勤部军需仓库。现存历史建筑为一幢带有瞭望塔的三层仓库。2016 年年底开启了整体更新改造，保留了历史建筑的原貌，强调"工业设计与人之间的关系"
	26	开伦·江南创意园	于 1925 年 12 月 7 日创立，2004 年由于产业转型，江南造纸厂宣告停产。在 2010 年左右，通过 2.5 产业政策，启动了第二轮转型调整，对原有老旧厂房以城市更新的方式进行升级改造
	27	瑞华樟园	始建于清代末年，清末民初，是昆曲艺术家徐凌云为传承和研习昆曲艺术建造的老洋房，2008 年对其进行"平移保护"，2016 年作为餐厅启动运营
长宁区	28	圣约翰大学历史建筑群	1879 年圣约翰书院创建，2017 年华东政法大学开始对格致楼进行了历时 10 个月的修缮工程，完全按照文物保护法"不改变文物原状"原则进行修缮复原

在苏州河静安段，四行仓库、福新面粉厂等优秀历史建筑节点串联成为这一区域的滨水岸线建筑历史文脉最浓厚之地，这些历史建筑与苏州河滨水空间连为一体，有机融入城市发展，激活了地区的活力再生。

位于光复路 21 号的四行仓库始建于 1930 年，竣工于 1935 年。主要为由天津的盐业银行、金城银行、大陆银行及华侨创办的中南银行组成的联合储蓄会提供抵押货物的存放（图 5.12、图 5.13）。在此之前，由于其距离黄浦江苏州河的交汇处仅 2 公里，航运便利，又靠近巨大的消费市场，一度与十六铺并称为苏州河两岸的"南北市场"。在抗战时期它是中国军队死守上海的最后阵地，具有重要的历史价值。新中国成立之后四行仓库曾用作上海市商业储运公司的仓库，到 20 世纪 90 年代，这里曾是原闸北区较为知名的春申江家具城，七楼的保龄球馆曾经是原闸北区青年聚会的时髦场所（图 5.14）。再后来，这里是上海工业品批发市场的文化礼品批发市场，直至 2014 年开始修缮改造。本次修缮改造不仅恢复了四行仓库的原貌，还根据历史照片还原了弹孔累累的西侧山墙，同时，其西侧的晋元纪念广场不仅提供了重要的历史纪念空间，也建立了苏州河沿岸内部街区与水岸的联系，为大量的游客和市民提供了既有历史文化氛围，又有滨水生态气息的城市公共空间。四行仓库的建筑更新也保留了清水红砖结合立柱的水泥黄沙材料，简洁实用的建筑风格，使之成为苏州河畔具有代表性的仓库建筑，再辅以其内部 1～3 层的展陈空间的植入，使得四行仓库成为苏州河畔一处重要的滨水空间节点。

再如，位于长安路 101 号、光复路 423–433 号的福新面粉厂一厂（图 5.15、图 5.16），由民族企业家荣氏家族于 1912 年创办，后在其相邻地块又兴建福新三厂、六厂。一厂于 1922 年失火被焚，即与毗邻的三厂、六厂合并改为福新一厂。福新厂从 1913 年到 1921 年在上海发展到 7 家，自 1919 年起，福新的绿兵牌面粉已远销英伦。淞

图 5.12 1937 年四行仓库历史照片[1]

图 5.13 1947 年四行仓库行号图[2]

图 5.14 四行仓库 20 世纪 90 年代作为春申江家具城[3]

[1] 澎湃研究所|城市记忆 上海四行仓库及周边的今昔[EB/OL].(2022-8-11)[2024-11-20].
https://mp.weixin.qq.com/s/75Ksg1eihBqS05Q9zJI5qw.

[2] 同上。

[3] 同上。

沪抗战爆发后，福新一厂被日军强占。上海解放后，福新各厂均召开股东会，一直推举荣毅仁出任福新厂的副总经理兼代总经理，并通过政府资助克服企业经营难关，在几经合并后于 1966 年更名为上海面粉厂，直至 1993 年福新面粉厂才恢复厂名。在苏州河贯通工程中，福新面粉厂作为以史为脉、融合历史的特色贯通节点，不仅保护修缮了面粉厂的建筑本体，重塑其历史风貌，同时在滨河景观设计中，融入了面粉厂的历史文化元素，结合其两侧的公共绿地，通过绿化、铺装、照明等手段，营造出一种既具有现代感又富有历史韵味的景观氛围，在提升苏州河景观品质的同时，也为市民提供了更丰富的休闲体验和城市记忆（图 5.17、图 5.18）。

聚焦苏州河和黄浦江的交汇处，外白渡桥—河南路桥之间的苏州河北岸滨水空间，全长约 900 米，则属于外滩历史文化风貌区的一部分，这一段苏州河岸线，沿着作为苏州河航运要地的北苏州路，

图 5.15　1947 年福新面粉厂行号图[1]　　图 5.16　福新面粉厂原貌照片[2]

---

[1] 上海普陀档案|苏河记忆 民族工业昔与今:福新面粉厂[EB/OL].(2022-3-7)[2024-11-20].https://mp.weixin.qq.com/s/Ucy6ENoeFHE58IDVmd-rfw.
[2] 同上。

图 5.17　四行仓库滨水界面空间（摄影：张岑）

图 5.18　福兴面粉一厂滨水界面空间（摄影：张岑）

存在大量优秀历史建筑，有着深厚的海派文化底蕴。其中，位于北苏
州路东侧起点处的外白渡桥，是中国第一座全钢结构铆接桥梁和仅存
的不等高桁架结构桥梁；浦江饭店（现中国证券博物馆）始建于 1846
年，记录了许多中国现代化进程中之"最"：最早的电话、最早的电
灯等；1935 年，S 形的河滨大楼拔地而起，成为"远东第一公寓"，
如今改造修缮后的河滨大楼成为市民游客心中极具上海特色的大楼之
一（图 5.19、图 5.20）。20 世纪 30 年代，在其一侧的 20 号建成百老
汇大厦（上海大厦），曾是苏州河岸的第一高楼，也是上海城市风貌
的标志景观之一（图 5.21、图 5.22）；20 年代，在 276 号（四川北路口）

图 5.19　滨河大楼历史照片[1]

图 5.20　河滨大楼现状照片（拍摄：周俊）

图 5.21　上海大厦历史照片[2]

图 5.22　上海大厦现状照片（拍摄：周俊）

① 上海市历史建筑保护事务中心|"远东第一公寓"河滨大楼保护修缮工程(历史溯源篇)[EB/OL].(2023-7-18)[2024-11-20].https://mp.weixin.qq.com/s/zEFeH4uDyvjkEgyp9-VhfQ.
② 乐游上海|一江一河交汇处的这栋楼，九十岁了[EB/OL].(2024-5-27)[2024-11-20].https://mp.weixin.qq.com/s/eocxaf_rzdR1JWJ8Ygd3aA.

建成的上海邮政总局，见证了上海乃至中国邮政的百年发展。

　　2020 年前后，结合这些历史建筑的修缮，北苏州路的滨水公共
空间也完成了综合整治。北苏州河路街区以风貌打造为主要牵引力，
整体定位以"新创艺、旧情怀、慢生活、潮体验"着眼公共空间的
打造。滨水岸线与历史建筑前广场空间整体设计，通过坡道、草地、
台阶等不同铺地组合，多种方式消除路面高差，优化步行体验。同
时，通过对河滨大楼等底层业态的转型提升，形成外向、开放的滨
河界面，激发水岸活力（图 5.23）。

图 5.23　苏州河北岸四川北路桥—外白渡桥段

5.1.3　结合滨水贯通需求的校园开放

关于校园开放，教育部曾发文鼓励全国各大学院校校园向社会公众开放，有利于大学更好地融入社会、服务社会。上海是一座高校云集的城市，近年来，上海持续推动中心城区高校拆除围墙，全面打造开放式校园，让充满书香气的校园和其中充满历史底蕴的建筑变得可感、可触、可亲近。复旦大学、上海交通大学、同济大学、华东政法大学、上海师范大学、华东理工大学、上海大学等高校已相继开放校园，师生员工与市民游客可以和谐共享校园资源，社会各界广泛好评。其中，作为"一江一河"标志景观之一，华东政法大学的校园开放与苏州河滨水区域贯通得以结合，构成了一个极富意义的实践案例。

华东政法大学位于苏州河东西两岸，河西长宁校区前身为圣约翰大学，人文历史底蕴深厚，建筑艺术价值卓越，是近代中西合璧建筑风格的典型案例。华东政法大学的思颜堂是一座 U 形的建筑，1913 年 2 月 1 日，孙中山先生应邀出席圣约翰大学的学期结束仪式就是在此发表演讲的。1925 年夏天，沪上爆发五卅运动，同年 6 月 3 日，在斐蔚堂为死难同胞举行的纪念活动遭到强制干预，1951 年，斐蔚堂更名为六三楼，以示纪念。始建于 1929 年的交谊楼，由于在上海解放时发挥了非常重要的作用，被称为"三野司令员指挥淞沪战役的第一宿营地"。这众多的历史建筑，记录了华东政法大学的一个个故事（图 5.24）。2019 年，该历史建筑群被公布为全国重点文物保护单位。2020 年 1 月，时任上海市委书记李强赴华东政法大学调研，提出苏州河滨河贯通和华东政法大学校园开放的要求，市级成立工作专班，协同推进相关工作。至 2021 年 9 月，华东政法大学河西长宁校区全面开放。作为上海唯一一座由母亲河拥抱的大学校园，华东政法大学正努力打造历史风貌高雅、公共空间开放、校园景观最美的"苏河明珠"（图 5.25、图 5.26）。

根据校园整体规划方案，优化滨水空间与校园建筑边界的结合，尽量扩大节点空间，同步考虑厕所、驿站等配套设施布局，改善现状滨水步道环境。其在具体策略方面，首先，坚持校园全面开放的大方向，打造高水平的开放型校园，将校园与中山公园、愚园路风貌区统筹谋划，在滨河贯通基础上，全面开放校园，形成系统、高品质的公共空间网络，更好地为公众呈现地区的历史底蕴与风貌。其次，坚持"留改拆"并举的实施路径，最大限度地保护历史风貌，加强文物保护建筑的保护修缮，拆除影响整体风貌和空间品质的其他建筑，改造保留的现状建筑。最后，就是坚持保障学校必要教学功能的大原则，统筹分配河西、河东校区的功能，宿舍等生活配套类功能全部迁移至河东校区。做好河西校区功能转移，先建后转；保障必要教学功能，增加公共功能。以最大化的公共使用推动最好的保护，使历史建筑焕发新的生命（图 5.27）。

图 5.24　圣约翰大学 1921 年鸟瞰图[1]

---

① 上海发布 | 华东政法大学历史建筑群:拥有超过 140 年历史,近 270° 河景的建筑明珠[EB/OL].(2024-4-20)[2024-11-20].https://mp.weixin.qq.com/s/D11BtFF3P9dBNf3cpYUzXQ.

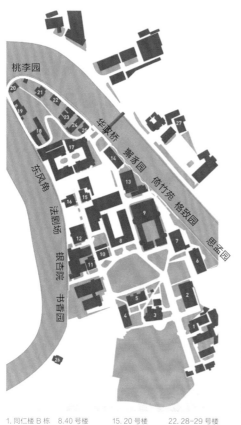

1. 同仁楼 B 栋　　8.40 号楼　　　15. 20 号楼　　22. 28-29 号楼
2. 交谊楼　　　　9. 韬奋楼　　　16. 21 号楼　　23. 30-32 号楼
3. 四号楼　　　　10. 小白楼　　　17. 东风楼　　24. 33-35 号楼
4. 红楼图书馆　　11. 16 号楼　　　18. 23 号楼　　25. 36 号楼
5. 六三楼　　　　12. 18-19 号楼　19. 24 号楼　　26. 10 号楼
6. 思孟堂　　　　13. 体育楼　　　20. 25 号楼　　27. 四尽斋
7. 格致楼　　　　14. 树人堂　　　21. 26-27 号楼

图 5.25　华东政法大学开放后参观路线[1]

图 5.26　水岸开放前后对比[2]

---

① 上海发布|华东政法大学历史建筑群:拥有超过140年历史,近270°河景的建筑明珠[EB/OL].(2024-4-20)[2024-11-20].https://mp.weixin.qq.com/s/D11BtFF3P9dBNf3cpYUzXQ

② 上海城市更新与可持续发展研究院.李蔚,张玲燕,薛鸣华|校园环境景观与历史风貌公共空间开放-以华东政法大学、上海音乐学院为例[EB/OL].(2024-10-23)[2024-11-20].https://mp.weixin.qq.com/s/dw7bfD_QtKFTpj69HnfFQA.

图 5.27　华东政法大学滨河岸线

5.1.4 提供在地性服务的特色驿站

苏州河上的驿站，是沿线公共空间中为市民提供日常基本服务的小设施，每处面积 100 ~ 200 平方米，内部设有饮水机、公共休息室、公共卫生间、自动售卖机、雨伞充电宝租借等服务。驿站虽小，却是连接社区生活、加强市民交往、体现城市温度和苏州河沿岸服务能级的重要节点。上海苏州河沿线驿站点位不断增加，便民服务、品质和特色均不断加强，真正地体现了还河于民、还岸于民、还景于民。根据官方发布的普陀区 2024 政府工作报告，至 2023 年年底，普陀区已建成的 27 个半马苏河驿站中，有三个位于河湾口的驿站是先期作为试点示范的点位，这三个分别是武宁路桥下驿站、普陀公园驿站和顺义路口袋公园驿站，三个驿站之间的距离在 1 千米左右。

其中，武宁路桥下驿站位于武宁路桥北岸跨光复西路的桥洞下，紧邻苏州河滨水岸线。此段城市道路属支路等级，来往交通量不大，但由于桥面不高，桥下灰空间较狭小局促。选择此处作为驿站，一方面有紧临苏州河滨水岸线的地理优势，另一方面对激活城市内部的桥下灰空间也具有积极意义。因此，在设计中除布局驿站必要的服务功能（如公厕、自动售卖机、休息座椅等），还通过灵活、开放、可变的小空间设计，提供给不同人群自主活动的使用方式，如木质的阶梯式座位可以演化为小剧场。在驿站落成开放的同时，木业施工团队中的有心人看中了自己经手建成的这个特殊场所，在城市看台西端的小房间内迅速开出了一家咖啡馆，既丰富了服务供给类型，也一定程度上缓解了政府方运营的压力（图 5.28）。

普陀公园驿站（又名小花园湾党群服务站）位于普陀公园主门前东南侧。于 1954 年初建成开放的普陀公园是新中国成立后普陀区建成的第一处城市公园，它北侧紧邻由沪杭铁路改造而来的高架轻轨线路，东南主门隔光复西路濒临苏州河药水弄湾北端口。选择普陀

图5.28　武宁路桥下驿站

公园门前建设驿站，是为了在城市更新的语境下探索如何盘活城市空间资源，以驿站所在场地为纽带，将苏州河滨河绿道与普陀公园相串联，提升环境品质和空间活力，并塑造向社区倾斜的日常公共空间。所以，在驿站设计中，利用公园门口的广场空间设计了一个休息回廊作为公园新的入口，其侧面布置了市民客厅和小展厅，两者之间有小庭院、回廊相连，灯塔镶嵌其中；同时改造了公园原有的门房并加建了公共卫生间，和驿站风格保持一致。场地上原有的树木全部保留，和建筑相互穿插掩映。在面河建筑的屋顶上，还特别设计了屋顶花园，满足市民登高望远的需求，在树荫下饱览苏河风景。驿站的东南角展厅檐廊下布置了壁龛式的 24 小时服务设施，方便市民使用，并在外侧沿路设置了非机动车停车位，既解决公园停车需求也为来驿站人群提供便利（图 5.29）。

图 5.29　普陀公园驿站（小花园湾党群服务站）

　　顺义路口袋公园驿站位于顺义路与苏州河岸的联通步道上，河对岸就是华东政法大学的百年校园。口袋公园所在的场地是东侧学校和西侧居住小区之间的一条狭长空隙地，长年为工棚占据。随着这段光复西路的景观绿道化改造完成，这片正对河湾口的场地急需提质更新为将北岸纵深地带的社区居民引导向河滨的视线通廊型景观公共空间，并结合驿站的设置为市民提供高品质的休憩交流空间。驿站南北一字排开，北侧沿路是公共卫生间，居中是小展厅，南侧面河为市民客厅。在朝向苏州河一侧有绿坡和台阶与屋顶花园相接，市民可以拾级而上，远眺对岸华政的历史人文风光（图 5.30）。

图 5.30　顺义路口袋公园驿站

5.2 骨干河流两岸地带更新

　　根据《上海市骨干河道布局规划》，上海共有226条骨干河道，总长3 687千米，包括71条主干河道（流域骨干河道、湖泊或区域主要的引排水通道）和155条次干河道（对主干河道在引排水、航运等方面起重要联系作用的河道）。以往判断"骨干"与否，更多依据的是河道在防汛除涝、水资源配置、航运、农业生产等方面的功能。其实，骨干河道还承担着重要的生态景观功能，构成重要的生态景观水系。在今天，随着上海"一江一河"岸线的贯通和开放，公众也对骨干河道的生态景观服务功能满怀期许，他们希望自己的"家门口"就有"最美河道"和"最美河畔会客厅"。事实上，上海中心城区内的骨干河流多与"一江一河"相连通，这些骨干河流深入城区内部，拥有广阔的空间腹地和深度的社区链接，其滨水地区的更新和建设发展与人民生活的幸福感和获得感密切相关，人民对滨水生活的需求与日俱增。此外，结合国际上城市滨水地区更新的成功经验来看，河流两岸空间腹地，尤其是对于骨干河流，还应该能够融入城市整体的发展格局，具有良好的随时间发展的结构性延展，促进实现对于城市空间复合性功能的承载。

　　以徐汇区为例，其东西向的骨干河流蒲汇塘、龙华港、漕河泾港、张家塘港等，均在河流的不同区段存在既有住区紧临水布局的情况，也存在多处滨水空间联系不畅、居民临水不见水及滨水环境不佳等情况（图5.31～图5.33）。在具体工作中，通过问卷调研、实地采访等方式，笔者了解到徐汇区居民对除黄浦江之外的其他内河的认知度普遍较低，也很少去河边进行日常休闲活动。居民反映主要的原因是河流水质不清、景观单调、两岸步行不畅和缺少活动空

图 5.31　改造前的龙华港

图 5.32　改造前的漕河泾港

图 5.33　改造前的蒲汇塘

间等。一方面，虽然徐汇区拥有良好的自然环境和文化基础，相关治理工作也取得了一定成效，但同时也面临诸多困境；另一方面，由于河道涉及水务、规划、交通、绿化和文旅等多个管理部门，在规划目标的统一、规划策略的传导、规划要求的落实等方面，仍存在很多阻碍和壁垒。徐汇区骨干河流的更新建设在当时主要面临管理部门多元交错、滨水空间与城市整体发展的关系有待加强、河流的地域文化特征并不彰显、规划成果的实施管控作用较弱等问题。

因此，在徐汇区"蓝色网络"规划中，借助从整体到局部的多层次规划的推进与实施，从织补蓝绿开放空间网络体系、改善人居环境的视角出发，强调将这些骨干河流的两岸腹地综合考虑进来，关注河流沿线滨水贯通、生态优化、地块更新等维度，重点加强社区与滨水的联系，增加社区内的滨水步道，布置新的设施或构筑物来提升社区内滨水活动的多样性，研究断点打通的多种方式，并系统性组织社区级公共服务设施与滨河公共空间，并落点社区设施等来协同15分钟社区生活圈的实施等，重点围绕区内三条骨干河道，即蒲汇塘、龙华港、漕河泾港，开展了徐汇区骨干河流两岸地带更新与实践探索的系列工作，以全面提升骨干河道两岸整体空间品质和居民的获得感与满意度。

5.2.1 蒲汇塘：吸引社区生活回归水岸

蒲汇塘又名蒲肇河，位于上海市中心西南方向，徐汇区北部，是徐汇区重要的市级河道之一，途经徐汇区虹梅路街道、田林街道及漕河泾街道，全长12.9千米，其中徐汇区段5.2千米，河口宽度25~56米。蒲汇塘是"汇"字起源相关的三水交汇河道之一，旧时蒲汇塘东通肇嘉浜，连接日晖港入黄浦江，后因肇嘉浜填没，遂向南借道穆家港至漕河泾镇，接龙华港通向黄浦江，曾是青（浦）、松

（江）低地的排涝要道，也是朱家角、泗泾等通往上海的重要水路。两百年前，因河流淤塞而疏浚肇嘉浜、蒲汇塘，于是堆泥成阜，积在蒲汇塘河湾处，称土山湾。土山湾地区是徐汇重要的文化、经济、社会核心区域，蒲汇塘田林社区段，成为市民由上海郊区通往核心区域的重要水路连接段。1864 年，传教士在土山湾高地建孤儿院、工艺场、土山湾画院等，成为中国西洋画和近代工艺美术的重要发源地。

随着蒲汇塘周边徐家汇、漕河泾开发区及徐汇中城地区的不断发展和崛起，滨水两岸则还维持着原有的功能和格局，与区域发展已不相适应。因此，设计研究旨在通过水岸更新带动老社区活力，促进存量用地转型更新，从全区整体格局出发判断发展思路与实施路径，注重整体空间品质的重塑和提升，推动功能的转型和升级。

蒲汇塘田林段就是从桂林路到漕宝路这一段，长度是 2.7 千米。这条记录着田林发展变迁的河道，20 世纪 90 年代，随着社会经济的快速发展，河道的污染问题越来越严重。蒲汇塘作为落实"河长制"的重要抓手，其水质改善和沿岸空间环境的提升成为各级管理部门和老百姓共同关心的问题。自 2018 年以来，区委区政府重点对河两侧 160 多个小区的雨污混接进行改造，封堵了 800 多个排污口，截至 2019 年年底已基本完成宜山路—漕宝路段的提升改造和贯通。水质改善的同时，规划也在思考如何把蒲汇塘与田林的社区生活进一步连接起来，践行习近平总书记说的"不断满足人民对美好生活的向往"，这也是建设"人民城市"的核心目标。

田林社区是 20 世纪 80 年代的工人新村，现状人口约 10 万。社区整体呈现以蒲汇塘为界的两大分区，东北片区居住与城市功能混杂，需提高空间整体的链接度；西南片区居住密集度较高，配套设施普遍老化，老龄化也比较明显。蒲汇塘作为田林社区重要的空间地理要素，是整个田林社区提升改造的核心。

　　根据 2007 年批复的《徐汇区田林社区控制性详细规划》，蒲汇塘沿线规划有大量的公共绿地，但根据评估和调研，很多地块是业主自持，现状以出租为主，对滨水地区造成堵点，但业主普遍缺乏转为绿地的动力。为了提升规划的可操作性，启动了两岸更新研究和控规调整工作，相关法定控规已于 2021 年获批。在这个项目中始终坚持的一条原则就是："规划绿地总量较上版控规不减少，借助城市更新政策激发业主转型意愿，沿滨水补充公共服务设施和租赁住宅，提升滨水贯通性和可达性，把蒲汇塘还给田林居民。"在社区层面的工作中，体现为滨河腹地的城市更新与社区功能完善的有机结合。

　　在蒲汇塘靠近华石路附近，原来有一处钦青花卉市场。花鸟市场曾是许多上海人童年最爱逛的地方，看看鸟、看看鱼，老阿叔们在这里遛鸟斗虫，老阿姨拉条板凳打起毛线，孩子们跑跳嬉戏，是非常有人情味的地方，也是社区里与自然最接近的一处空间。现状这个钦青花卉市场整体业态较为低端，空间环境杂乱无序，2019 年已将内部商户清空。规划大胆地提出对于花鸟市场的功能保留，因为现在中心城区基本没有花鸟市场了。通过整合用地，升级原花鸟市场功能，与滨水公共绿地整体建设，形成占地 2.5 公顷、集文化、体育、温室花房、户外市集等功能为一体高品质滨水公共空间，形成一处充满生活气息的遛鸟赏花、喝咖啡、看展览、沿河漫步的公众文化及社区生活体验地。而这样一所未来的网红打卡地所能带来的经济价值也是不可估量的，吸引地块的产权方一起参与到社区共建共治共享的工作之中。

　　规划分期实施后，蒲汇塘沿岸每 100~200 米将有一处 2 万平方米的公共绿地，同时形成 24 小时开放的公共空间，促进有活力的公共功能嵌入滨水第一界面。另外，结合新增的绿地将建设多处地下停车场，约可新增 500 个停车位，可以有效缓解老旧小区停车位不足的问题。水清了、岸绿了、公共设施增加了，现在田林社区的居民们称蒲汇塘为"田林小滨江"（图 5.34、图 5.35）。

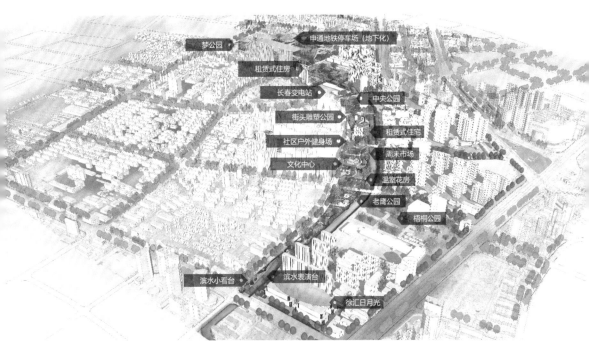

申通地铁停车场（地下化）

梦公园

租赁式住房

长春变电站

中央公园

街头雕塑公园

租赁式住宅

社区户外健身场

周末市场

文化中心

温室花房

老鹰公园

梧桐公园

滨水小看台

滨水表演台

徐汇日月光

图 5.34　蒲汇塘沿岸更新节点示意

图 5.35　蒲汇塘沿岸更新后实景

5.2.2 龙华港：焕然新生的历史胜景

龙华港横穿龙华街道与漕河泾街道，是徐汇区重要的区级河道之一，西起蒲汇塘与漕河泾港交汇处，东入黄浦江，全长 3.5 千米，河口宽度 22 ~ 47 米，水岸两侧陆域控制宽度均为 6 米。明正德《松江府志》卷二云："龙华港，东南至百婆桥，入于黄浦，故亦名百婆塘。"后来百婆桥也称百步桥，百婆塘亦叫百步塘。民间素有"先龙华后上海"之说。龙华有 400 年历史的文化遗产"龙华庙会民间文艺"，有被列为国家级非物质文化遗产名录的"龙华庙会"。每年农历三月，龙华寺香汛、三月半庙会及三月桃花盛集于一时，香客、商贾、顾客和踏青赏花者纷至沓来，为沪上之胜。20 世纪初期，居住于沪上的外国侨民，将郊游的习惯带到上海，引发了当时的风潮，龙华港也成了当时郊游的"网红打卡点"。在历史上，龙华港还是防护上海城及西南各乡的要隘，清初，港口筑有炮台。19 世纪，虹桥—新泾—漕河泾—法华—龙华成为保卫上海市区的一道重要军事防线。之后龙华地区陆续开设了江南制造局龙华分局等工厂，成为中国近代工业的诞生地之一。龙华港与黄浦江边的龙华大操场开辟为龙华机场，成为上海第一个陆军管辖的军用机场。

从现状情况来看，一方面龙华港现状滨水界面和驳岸类型普遍单调，缺乏地域特色，历史上"小桥流水人家"的画面被两岸林立的高层和不适宜步行的市政桥梁所取代。另一方面，以防汛、引排等为出发点的蓝线规划，对河道进行截弯取直，破坏了河流的自然形态，历史故事中描述的"龙华十八弯，弯弯见龙华"的场景不复存在（图 5.36）。河道应继承延续的历史演替脉络、展现的地域人文特征，正在逐渐消失。因此，龙华港两岸的更新发展，更加注重彰显水系文脉，强调历史记忆与传统生活的延承，提出围绕"复兴龙华，对话古今"的目标理念，通过针对性的策略逐步实现滨水岸线贯通、空间更新和文化复兴。

　　首先，通过不同方式实现滨水岸线贯通。梳理龙华港段各类断点情况，确定沿线 19 处不同类型未贯通段和断点，将其分为规划改造区、现状建成区和局部断点三大类，其中，规划改造区分为可开发用地和建议用地转型两类，现状建成区分为建议结合微更新和权属属于小区 / 单位两类，针对不同类型的断点提出对应的贯通策略，具体包括：针对可开发用地，建议土地出让阶段明确滨水贯通开放要求；现状建成区建议结合微更新制定滨水贯通方案，对于权属为小区 /单位的，如三江小区等，通过协商，实现局部栈道等灵活贯通方式。

　　其次，将历史文化资源与新时代特征紧密链接。提高龙华塔、百步桥、草庵等滨水文化资源的公共性、开放性，并提升滨水环境品质，让市民深入文化内涵，享受文化资源，成为城市文化的积极传承者。打造新"龙华水四景"，展现地域特色水岸文化。从东向西分别以"百步虹桥""童谣声声""龙华晚钟""工业复魅"四个主题场景，结合龙华寺、海事塔等构建历史建筑场所精神；在滨水绿地中通过雕塑、工艺美术、园林景观等表现手段实现"龙华民谣"等非物质文化遗产的展示传承；将滨江岸线丰厚的工业历史资源引入区域

图 5.36　龙华港两岸鸟瞰

腹地，打造开放公共的滨水空间，其中龙华水质净化厂节地改建过程中释放出滨水空间，并保留城市发展过程中市政设施的工业记忆。此外，结合旅游文化策划，借助龙舟赛等主题活动，弘扬非物质文化遗产，将河道生态系统转化为再现城市历史与文化的载体。同时，鼓励通过城市更新在滨水地区新建文体馆、活动中心、健身点、跑步道和篮球场等文体娱乐设施，吸引社区生活回归水岸，增强社区归属感（图5.37）。

图 5.37 龙华港两岸丰富的历史文化要素及规划引导建议

　　再者，通过多样融合的景观设计，实现高品质的滨水地区更新发展。距今 1 700 年历史的龙华寺南侧一街之隔，为刚建成不久的万科龙华会，作为沪上首座对望千年古刹的街区商业体，龙华会以打造一座集民俗故事、文化碰撞、青年潮流、绿色生态的城市理想街区为目标，商业总体量约 10 万平方米。场地设计布局充分尊重龙华寺历史轴线：以龙华塔为轴心，向时间借景，建筑物如扇面般向龙华港水岸徐徐展开。设计师在项目中打造数条"视觉通廊"，与龙华塔对话，以开放的视野和低密度建筑、古塔、街区场景、植物造景相融，行走其间，塔影随处可见。滨水界面是龙华会独有的地缘优势，商街依水而建，最大化应用软景，每一栋商业建筑都设有迷你花园式休闲空间，林荫掩映着商业户外小剧场、互动装置、休闲景亭等，在这里，都市的节奏转换成闲逸时光，长者、孩子、遛娃一族都能惬意休息。设计把握河道生态亮点，河岸护堤保护性种植，边坡绿化在雨季对商街起吸收渗流作用。生态点睛，让龙华会集齐了理想街区的关键要素（图 5.38、图 5.39）。

5.2.3　漕河泾港："三区"共享的岸线

　　漕河泾港位于徐汇区西部，西起新泾港，交西上澳塘港，流经康健街道与漕河泾街道，会蒲汇塘后称龙华港，东流注入黄浦江。河道长度为 3.6 千米，河口宽度为 22 ~ 47 米，设防等级 3 级，常水位 2.5 米，最高控制水位 3.8 米，水岸两侧陆域控制宽度均为 6 米。古时漕河泾因水兴镇，三条水系交汇于此，水陆交换体系优越，明中期后松江府境内所产粮食、棉花经蒲汇塘入漕河泾（时称曹乌泾）集散于此，渐聚成市，逐渐演变成漕河泾老街。20 世纪 20 年代初，随着沪闵路、漕宝路的修筑，周边空旷土地成为市郊炙手可热的新区。冼冠生、黄金荣、曹启明等纷至沓来，圈地建园，冠生园、桂

图 5.38　龙华港滨水沿岸至龙华寺的视线通廊

图 5.39　龙华会滨水沿带

林公园、康健园逐渐建成。50 年代，周边建立了三所高校，成为文教之地。接着围绕几所高校，建成了与桂林公园、康健园（科普公园）紧邻的居住社区。1957 年，上海仪表工业区及 20 余家工厂迁、建于此，工人新村雏形初现。80 年代，田林新村、康健新村逐渐形成成熟社区。1984 年，漕河泾开发区成立、科研院所聚集。21 世纪初，漕河泾老镇泯灭在历史长河中。

发展至今，漕河泾港可以说"校区、园区、社区"三区融合集聚，滨河两岸分布有上海应用技术大学、上海师范大学徐汇校区、上海行政学院、中科院上海生物研究所等高校院所，漕宝路以北为漕河泾开发区，周边居住社区包括康健新村、老文山小区等。这些差异化的空间分布和人群构成，也必然对滨水空间的共享与可达，以及环境品质与人文积淀等，提出了更高的现实诉求与发展需求。然而，漕河泾港现状滨水岸线不连续、贯通性不足，将近半数岸线被园区和校区封闭，不利于构建滨水公共空间体系，无法为居民提供良好的滨水休闲、漫步体验，与社区联动有待加强；现状滨水空间尚未体现出漕河泾港独特的历史文化底蕴，文体设施与滨水空间结合尚显不足，百年漕河泾历史文化要素丰富，现状滨水地区的历史要素体现不足，文化传承较弱，滨水服务设施不足，且尚未形成有地方特色的景观河道，桥梁设计和户外家具配套仍需进一步改善和优化。除康健园段河道具有生态河道特色外，其他段缺乏地域特色，水陆空间联动较弱；现状桥梁景观美观度不高，户外家具配套较少。有针对性地，"蓝色网络"规划提出从提升可达性、发掘区域历史人文资源、功能活化与融合共享等方面进行滨水空间更新。

针对可达性提升，提出打造慢行成网的特色走廊的策略。将滨水公共空间导入城市慢行系统，形成覆盖片区的特色慢行走廊，即滨水走廊和林荫路走廊。滨水走廊为沿着片区三条主要的河流形成慢行环，亲水近水，极大地提升片区慢行体验。林荫路走廊是在徐汇区系统性绿道布局的基础上，梳理片区绿化景观较好的慢行道路，形成漕河泾片区林荫走廊环（图 5.40）。

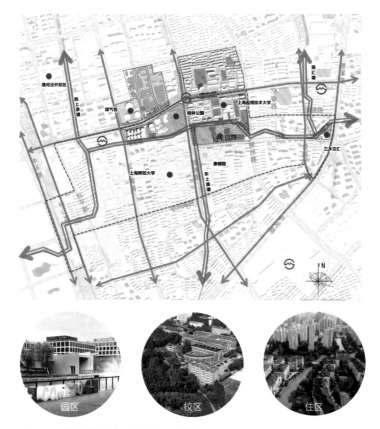

图 5.40　漕河泾港滨水特色慢行走廊示意

① 徐汇之"汇"来源于肇嘉浜、法华泾以及蒲汇塘三水汇合处，也是历史上漕河泾老街所在位置，就像埃菲尔铁塔之于巴黎，故宫之于北京，三水交汇之于徐汇，有着不可比拟的象征意义，沉淀着百年徐汇与漕河的风云际会，寄托着人们对未来城市的美好愿望，是整个地区的文化内核和标志。

　　针对区域历史人文资源的发掘与体现，提出分类分段打造漕河泾港特色文化体验目的地：徐汇溯源——三水之汇（柳州路—沪闵路段），百年岁月，看徐汇之由来；开放校园——民族工业（虹漕南路—柳州路），闻丹桂飘香，品沪上往事；绿色生活——生态科普（中环路—虹漕南路），中环秀带，赏海绵生态。其中的三水交汇历史文化节点[①]，更新地块处于漕河泾港、龙华港、蒲汇塘三条河道相交之处，紧邻漕河泾港康健园公共节点。现状三水交汇地块部分建筑如解放军九〇五家属院十分破败，生活条件较差，居民诉求强烈；三水交汇处沿街公厕、自行车棚等占据滨水岸线。这一节点的更新，鉴于三水交汇地块的特殊性与标志性，得以结合漕河泾港—龙华港景观带提升改造，统筹滨水公厕与解放军九〇五家属院等地块进行了整街坊更新转型，交汇处建设三江汇驿站，在滨水空间布局开放式绿地，并结合栏杆布置座椅，适当拓宽人行步道，增加开放交流空间（图 5.41 ~ 图 5.43），提升了片区历史人文与环境品质，也为人们提供了更好的共享设施与服务。

　　围绕漕河泾港两岸"园区、校区、社区"三区集聚发展的特征，对地区功能的提升和滨水空间的更新策略中也尽可能地以就业、就学、居住等不同人群为服务对象，将他们差异化的需求交织整合，实现滨水空间的功能活化与融合共享。例如，两所滨水的大学校园鼓励其对社区开放，包括图书馆、体育馆等设施向居民开放使用，也包括沿漕河泾港的滨河步道的贯通连接，不断加强大学与社区之间的邻里关系。漕河泾开发区内的企业和员工可以选择就近居住在周边社区，同时也可以与大学建立科研、创新、孵化的上下游研发互动，打造多元复合的活力社群。具体更新引导中体现为在园区、校区、社区相邻的滨水更新地块，植入书店、咖啡馆、文化活动中心、体育活动场地等综合性服务功能，要素配置和内外部空间方向面向全龄人群，提供多元化的服务供给。

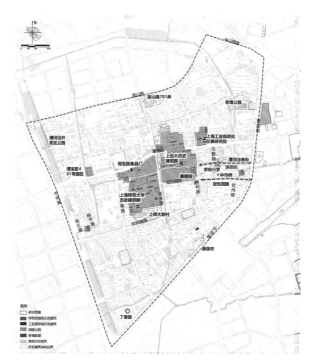

图 5.41 漕河泾港沿线特色历史要素分析

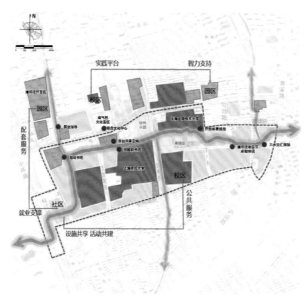

图 5.42 漕河泾港两岸的功能共享与活力区块

图 5.43　漕河泾港三水交汇处滨水贯通岸段及三江汇驿站

5.3　滨水社区风貌管控引导

　　滨水社区作为城市空间的重要组成部分，往往成为城市功能转型和提升竞争力的重要载体。一方面，滨水社区是社区发展的载体，为社区生活提供了丰富的公共服务和多样的社区活动；另一方面，滨水社区往往蕴含着丰富的历史文化价值和生态调节功能，对城市居民生活的品质有着重要影响。上海的滨水社区呈现出丰富性、多样化的特征，对于滨水社区的规划引导既需要立足于其在地性，通过对水文化、历史文化的挖掘和演绎展现其特征；又需要关注内容植入与空间尺度的契合，为塑造滨水社区的活力提供载体。

　　位于中心城区虹口区虹口港、俞泾浦、沙泾港三条河流交汇处的音乐谷，是由多个老厂房改造的园区、石库门片区及三条河流的自然景观组成的，包括国家音乐产业基地、1933 老场坊、半岛湾时尚文化创意产业园、老洋行 1913、1930 鑫鑫创意园等，充满工业气息与历史沉淀，形成了音乐、艺术和创意产业为主题的滨水社区。再如奉贤新城的滨水社区，则是充分利用其水系资源，以"年轻""共享""生态"为生活理念，通过不同的社区规划，营造现代宜居滨水社区。

　　位于金山区的卫城滨水社区，则正处于城市更新发展的进程之中。金山卫城滨水社区位于金山滨海地区的西部，东临区政府、西接碳谷绿湾业板块，并沿金山大道经济走廊展开，区位优势明显。依据上海"十四五"规划及金山"南北转型"战略要求，到 2025 年，卫城滨水社区将成为金山滨海地区的三大核心板块之一，而 2024 年即将启动的"一环一河"水利疏浚和"金平线金山大道站"两项重大工程，为卫城滨水社区的转型发展创造了前所未有的大好机会

（图 5.44）。无论是滨水沿线的产业转型升级，还是金卫成河的疏浚贯通，抑或是金山大道站轨道交通的建立，都彰显着卫城滨水社区未来将迎来的变化可能。然而，卫城滨水社区的现状发展也正面临产业亟待转型升级、公共服务设施能级不高、整体风貌不佳、在地性特征不足等相关问题。在当前，通过更具前瞻性地对卫城滨水社区的整体风貌研究与实施管控引导，希望深挖卫城文脉、延续空间格局，提升滨水环境，在推动老城区更新的同时，强化滨水特色和产城融合发展，建设开放多元共享的卫城复兴环、生态包容共生的生态带，进而通过风貌引导的方式，在推动城市发展的同时延续滨水社区文化传承，希望对于滨水风貌引导、功能激活、环境品质提升等方面提供借鉴与启发。

图 5.44　金山滨海地区三大核心发展地区示意

5.3.1 空间格局与风貌延续

金山区地处上海西南，黄浦江之畔，杭州湾之北岸。这里是上海市最早成陆的地区之一，6 000 年前就已经有先民在这里生活、生产，是上海最早有人类活动的地方，相传秦始皇曾到此登山望海，周康王姬钊东巡后在此建康城，境内河流水网纵横，是典型的江南水乡。水文化是江南文化的重要组成部分，文明因水而生，经济因水而兴。而金山卫城因卫成城，在卫城城墙建立之后，与城外的联系都被切断，仅留一条运河与外部相连，承担着水路交通的主要功能。可以将城内的水系按照功能分为两种：市镇、交通。市镇型河道最典型的是小官港，小官港沿岸是当地最早的市镇聚落，这类沿河生发出来的街道是江南市镇最传统的景观形态。交通型河流最重要的是运河，作为城内唯一一条与外部水系相连的河流，它承担着主要的水路及与外部联络交通功能。而环卫城河也随着历史的变迁，由卫成型转变成生产型，越来越多的生产加工企业沿河建设。时至今日，随着产业升级的不断发展，环卫城河也失去了往日的喧嚣与繁忙，留下一段沉寂的水岸。

金山卫城作为明代四大卫之一，始建于明洪武十九年（1386），与天津卫、威海卫、镇海卫并称四大卫，是明代军事体系与边防战略的重要组成部分。金山卫城整体平面呈方形；外部以城墙和护城河为边界，并设有东南西北四门；内部以连接四门的十字街为主轴，发展出陆路和水路两大交通体系，整体形成一环两街四门四桥的空间格局。城中寺庙、商铺、府衙等建筑众多。金山卫城在明代建城之后，于清代进入建设的高峰，很多的衙署、祠庙建筑应运而生，但在之后，由于千户所外迁松江，城西北流失大量人口，桥梁尽毁，街区逐渐萎缩。城东南原有的沿河市镇也在不断萎缩，最终停止于该市镇北侧由水转陆的交汇处，而城东北围绕着卫治与卫学之地继续新的蓄力发展，最终和十字街共同成为两个核心街区。1997 年，金山撤县改区，金山卫城如今位于金山区的西南角，改名为金山卫镇。随着时代的发展，金山卫镇也发生着日新月异的变化，但其整体空间格局依旧沿袭了明清时代的整体格局。

尽管明清时期所建设的城墙已经尽数拆除，现存的遗迹有限，但该区域内的方形平面以及护城河保留了下来，这恰恰很好地延续了其文化的传承，既记载了抵御外辱的民族精神，也记载了广大人民艰苦奋斗的民族品质，具有重大的历史意义和文化价值，这种特质的继承和延续，也是丰富滨海地区文化传承、塑造滨海地区城市形象的重要因素。今天城市内的交通体系已经完全转变为陆路交通，十字街的空间格局仍在；历史建筑也少有留存，不过仍有不少遗址可寻（图 5.45）。

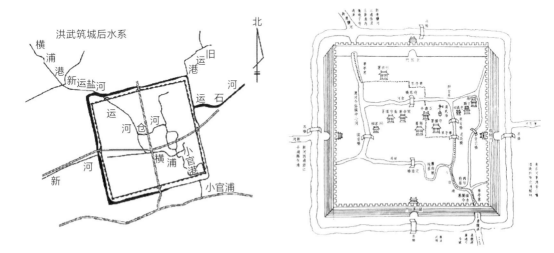

图 5.45 金山卫城池

（图片来源：《（正德）金山卫志》）

作为历史上明清四大卫之一，金山卫城的空间格局非常具有特色。由于明代的卫所制是将土地平均划分为一块一块，再按照人数分配土地，使得建筑布局也十分整齐，因此其城市形态与江南水乡的典型城镇并不相同，通过人为规划建造的城市，形成了比较规整的一环两街四门四桥的城市格局。深入挖掘卫城的历史文化底蕴是研究卫城滨水社区整体风貌导则的重要基础，其总体空间格局的研究又恰恰是重中之重，基于其整体的空间格局，结合现状的一些历史遗存、产业转型发展、社区生活营造等具体要求，通过对重要的空间体系、空间节点的打造，重塑其原有的历史风貌，并以此建立风貌导则的研究系统，形成卫城滨水社区的风貌结构，进而为风貌导则指引和量化控制建立总体原则，为后续具体的实施与管理奠定坚实的基础（图 5.46 ）。

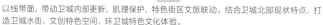

以线带面，带动卫城内部更新，肌理保护，特色街区文旅联动。结合卫城北部现状特点，打造卫城水街、文创特色空间、环卫城特色文化体验。
卫城内部以微更新为主，保证卫城面貌完整性的前提下对卫城内具有历史意义的建筑如南门遗址、金山卫城隍庙遗址、顾观光故居、定南桥、东门桥等结合周边进行重点打造，增加小绿地、小公园等公共开放公建，激发卫城活力。

图 5.46　金山卫城现状文脉遗存

5.3.2 多元复合与活力水岸

改革开放后，环卫城河主要被用于工业生产、交通运输和货物贸易等目的，河道及水岸更多发挥运输和生产职能，使得这一地区逐步丧失其原有地域特色和文化氛围，公共性与开放性也消失殆尽，这些都严重损害了滨水地区的价值体现。环卫城河是卫城空间结构的重要组成部分，也是卫城未来发展重要的生态基底和居民重要的社交活动场所，作为未来整个卫城重要的城市公共空间，既满足当代的生活需求，也给广大市民提供了一个具有文化影响的复合型开放空间，让滨水的生态性、在地的文化性与当代人的生活和行为模式在这里相融合，最终实现环卫城河的活力复兴（图 5.47）。

环卫城河北段金山大道沿线部分是最重要的河段之一，在这里既要协调城市街道空间的风貌特征，又要体现滨水空间的文化属性。首先，积极延续东西两侧大量的城市绿地空间，创造一个生态型的空间基底，同时对于不同界面的城市绿地进行功能细分。沿金山大道一侧的绿地空间以静态、形象型为主，更多地起到塑造城市公共绿化界面的作用，因此主要引导该部分的绿地以规整、延续的方式

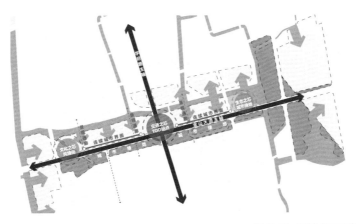

图 5.47 卫城水系示意

形成相对整体统一的城市界面；滨水一侧则更关注其绿地空间的丰富性、亲水性、活力性，为广大市民未来的公共活动的需求提供物质空间的保障，因此在这部分主要引导其绿地空间的体系、节点空间的尺度以及与水系的关系等相关内容。

其次，规划并策划水岸沿线的建筑功能，一方面满足整个区域的发展导向，另一方面也结合滨水地区发展的服务需求，增加空间内容的丰富性，提升广大市民的水岸服务体验。通过建筑、景观等融合的手法，塑造滨水公共空间体系，并在重要空间节点处，规划公共服务或商业功能，以匹配广大市民的活动需求，增加空间的服务性和停留性。主要通过对建筑功能的引导、重要空间节点处建筑的细化引导要求等实现建筑与地区整体的衔接与融入，进而通过功能与空间的融合助力滨水地区复兴。

第三，从滨水地区空间尺度的宜人性角度出发，对线形空间和节点空间进行量化的尺度控制，保证空间的高宽比不低于1∶1。在管控要素上，规划和引导沿线的建筑高度、退界等相关要素，力求提供一个舒适的滨水空间载体，并结合建筑业态和景观要素的内容植入，共同构建一个活力多样的滨水场景空间。

第四，在环卫城河北段，除原有水门遗迹得以留存外，几乎没有任何其他物质遗迹保留下来，但是仍能根据现状情况，推衍出一些曾经的历史点位，通过对这些重要点位的文化挖掘，并借助数字化技术的支持，重现历史的印迹。如结合滨水开放空间和历史遗迹，规划设计"遗址公园"，并通过一些VR、AR技术，实现虚拟与现实交互的场景体验，同时在重要的点位上可以通过一些开放空间结合景观小品的设计表达对历史遗迹的追忆。

5.3.3 人文特征与特色塑造

金山大道是滨海地区的重要交通干道，亦是连接湾区科创城和滨水社区的重要经济走廊，金山大道沿线的城市界面及形象则显得尤为重要。在卫城滨水社区风貌导则中，卫城文脉是研究的出发点，结合其具体的功能定位、交通组织、公共空间等相关系统性的研究，形成既有人文特征又兼顾产业发展需求的城市界面。在具体的风貌管控中，着重关注建筑整体的街廓、建筑的高度、贴线率、视觉通廊、公共空间的位置及尺度等相关技术要素，从整体性、文化性、特征性的角度，助力构建金山大道人文魅力的城市形象。

作为为数不多的物质遗存，卫城北门及金卫城河水门具有重要的历史价值，其周边区域的更新改造结合产业升级转型的需求，实现其时代性与历史性的融合，进而实现卫城滨水社区的特色塑造。再结合 TOD 站点的打造，最终通过业态、空间和环境的完美融合，形成具有卫城文化特征的滨水社区。北侧水门是现存非常重要的历史遗迹，结合北水门遗迹与传统餐饮文化，规划设计延承历史风貌格局的"金山袁家村"项目，结合现代的生活需求，通过高密度低高度的建筑群落、具有金山地域特色的建筑风貌及围绕水系的场景打造，表达对历史的回溯和对时代的展望。在具体的风貌管控上，通过对建筑控制线、公共空间的位置及尺度、建筑主体的风貌等要素的进一步细化管控，在协调卫城滨水社区总体风貌的前提下，对重要的城市节点有进一步明确的要求，并结合在地文脉塑造独具特色的城市形象（图 5.48、图 5.49）。

卫城滨水社区的风貌引导其核心价值在于通过对在地性的挖掘，延续文化特征和风貌特色。针对不同的区域和地段，通过不同的管控路径和管控力度，不同程度地进行风貌引导，进而实现在城市更新过程中既能表现各地块的独有特征，也能延承其来源于在地文化的整体风貌，保持区域独有的城市形象，形成可识别的城市画像，最终助力卫城滨水社区乃至金山滨海地区实现特色鲜明、活力汇聚、绿色生态、配套完善、生活幸福的发展目标。

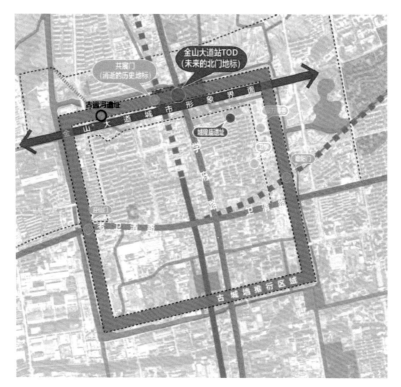

图 5.48　卫城滨水风貌结构示意

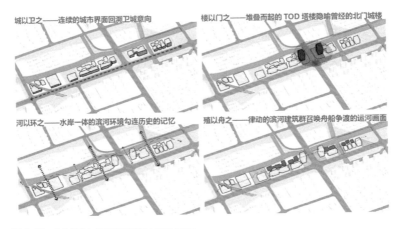

图 5.49　卫城滨水社区风貌管控引导示意

第六章

存量盘活：公共空间
复兴与生活焕新

2023 年自然资源部出台《支持城市更新的规划与土地政策指引》，明确了更新的重点包括"优化公共空间格局和品质"，也对公共空间的更新提出了优化与利用、共享与开放、辐射范围与服务品质提升、历史文化保护及绿色发展等方面的要求。在《上海市城市更新行动方案（2023—2025 年）》中，上海将"公共空间设施优化行动"纳入城市更新六大行动中，并将"提升桥下空间品质、提升河道景观，建成 5 个慢行交通示范区"设为目标任务，旨在发挥滨水公共空间能够成为城市标志性景观的景观价值及优化慢行交通流线、丰富市民游憩选择的功能价值。

城市中的滨水公共空间具有得天独厚的自然环境优势，往往与城市的核心区或重要景点相连，形成独特的城市风貌。同时由于滨水地区常与城市的历史文化紧密相连且空间兼具开放性，滨水公共空间能成为城市文化的展示窗口，也是人们接触自然、感受城市文化的关键场所，为公众提供休闲、运动、观景等活动空间（图 6.1、图 6.2）。在设计与规划滨水公共空间时，应充分考虑其自然环境、文化背景和功能需求等因素，打造具有特色的城市风貌，为市民提供优质的生活空间。同时，也要注重保护水域生态环境，实现人与自然的和谐共存。

水岸承载着区域的公共价值，折射出人与空间的关系，映射着城市的灵魂并反映着某个地域的独特性。靠近水岸的土地是拥有强烈景观对比的共享空间，在这里，当地社区居民、开发商、管理部门和规划师等的观点都需要被调和，多样的目标需要被合并。水岸的公共性特质，决定了水岸应该被全体公民共同享有。水岸再生涉及一系列的利益相关者，确保水岸的公共价值是值得人们重点关注的。新时期人民城市建设背景下，本书关注城市生活换新、公共空间复兴，提出聚焦用地盘活与空间的释放、公共性植入、新的建设与设施的结合，以及文化赋能点亮滨水生活场景，结合一系列实践案例，探索滨水地区更新的具体化举措与技术方法支撑。

图6-1 徐汇滨江公共活动空间（拍摄：汪孝安）

图 6.2　浦东滨江公共活动空间

6.1　用地盘活与空间的释放

随着黄浦江 45 千米全线贯通，新的三年行动计划将公共空间建设继续沿纵向、横向拓展，各区积极引导滨江公共空间沿黄浦江支流河道向腹地延伸，不断提升内河滨水地区的公共性和开放性，形成一个连续、完整的滨水公共空间脉络。这不仅使区域的历史文化、自然风光和现代建筑都得到了充分展示，为游客提供了一个了解上海历史文化的平台，也增加了城市滨水开放绿地，改善城市生态环境，为市民提供了休闲、运动的好去处。同时，也吸引了一大批高端产业、企业及商业综合体的进驻，带来了更多商业机遇，推动区域经济进一步发展。

由黄浦滨江全线贯通带动的内河滨水地区的更新与空间释放是全面提升上海城市形象和品质、为区域注入活力的重要工作。结合徐汇区张家塘港[1]沿线地块更新的相关研究分析来看，其两岸拥有工业厂房、植物园、大型居住社区等多元化的城市功能（图 6.3、图 6.4），呈现出不同的滨水需求和景观风貌。研究根据腹地功能的差异性，将 5 千米滨水岸线划分为功能多元的河口区、生态自然的体验区和开放共享的市民区三大部分。在更新与空间释放的思路上，龙吴路以东地区大片工业仓储用地，由于是承接徐汇滨江公共功能

---

[1] 张家塘港正是徐汇区内一条由黄浦江向西延伸至腹地的内河，西起闵行区中部的新泾港，途经上海植物园片区、长桥汇成居住片区、华东理工大学校区及闵行居住片区，与周边社区居民的日常生活紧密交织，河道的生态性、生活性等特征突出，对城区特色塑造和社区凝聚力提升具有重要意义。张家塘港向北连接徐汇中城核心上海南站片区，向西眺望浦东前滩片区，周边高能级城市片区环绕，对实现徐汇滨江文化功能和公共空间向内渗透具有良好的支撑和带动作用。

渗透的首要空间，存在更新转型的机遇，其滨水地区更新强调结合新的土地开发和用地调整，考虑混合住宅、商业办公、文化创意等多种功能业态，以形成多元功能和活力社区；龙川北路至龙吴路段则是地区生态的核心，是城市亲近自然、感受自然的重要生态空间，研究提出应借鉴新加坡加冷河碧山公园生态恢复的成功经验，以恢复滨水生态系统，重塑内河水系自然生境为契机，使沿岸地段享受生态改造的红利，创造自然可感触的生态体验区；龙川北路以西部分居住、学校功能集聚，更贴近居民日常生活，应更加聚焦存量空间的发掘和消极空间的转化，将滨水地区的开放共享以及邻里设施的丰富完善，作为更新引导的重点（图6.5）。具体的举措包括：

（1）增加植物园与张家塘港两岸的渗透性

张家塘港两岸现状主要的绿地指标和绿地资源都集中在上海植物园一处大型绿地斑块，生态总量大但市民可感性不高。上海植物园占地81.86公顷，集植物展示、科普、研究为一体，是上海市重要的生态休闲空间和科普教育基地，也是张家塘港两岸甚至长桥街道

图6.3　张家塘港与黄浦江交汇区域鸟瞰

图 6.4　上海植物园现状航拍

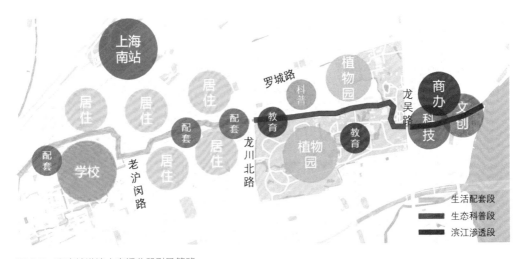

图 6.5　张家塘港滨水空间分段引导策略

图 6.6 徐汇上海植物园北区

极为重要的生态资源，是市民生态体验、日常休闲的重要场所。增加植物园与张家塘两岸的渗透性，让植物园生态可感知、绿色可休憩是发挥张家塘港生态价值的重要触媒。同时，张家塘港两岸现状尚未全面贯通，结合断点空间的更新改造，打通现状慢行梗阻节点形成公共活力区块，是体现张家塘港生态特色，激活整条河流未来发展的重要措施。

规划引导策略围绕水系与公园的相互渗透贯通，打造绿色生态区块。植物园区段以植物园北片区更新建设为契机，引导滨水驳岸生态化设计，提供更多的亲水空间（图6.6）。实施方案中，对植物园北区内部水系进行整理，以创造更加自由灵动的水岸空间，打造自然湿地景观形象。为强化植物园大型生态绿地对社区的辐射和渗透，同时对植物园现状隔绝封闭的围墙空间进行改造。引导植物园围墙采用镂空方式进行建设，增加绿色生态景观对周边社区的视觉渗透，促进植物园生态价值对社区空间的发挥。

（2）河口建闸带动土地资源的盘活

张家塘港河口地区是两岸空间可更新地块分布最为集中的区段，在既有控规中滨河空间规划有大面积公共绿地，一方面与现状绿地功能较为同质，另一方面规划可实施性不高，并不能实现滨水公共空间的腹地渗透，满足腹地居民的生态休闲需求。规划建议结合土地收储，对河口地区两岸空间进行一体化开发，对各类功能进行统筹安排考虑，并借助用地管控，实现滨水绿化空间的贯通延伸，与西侧植物园形成良好的衔接互动，提升滨水地区的生态性与开放性。同时通过积微成著的开放空间设计，将规划难以实施的大面积绿地打散后向腹地空间渗透，重新分配到腹地组团当中，提高绿地使用效率，打造"300米见绿"的公共开放空间网络，使河口地区的生态价值最大化（图6.7）。

　　积极引导徐汇滨江的文化创意产业沿河道两岸向内渗透，增加商业办公、科技研发、文化博览等功能，形成富有韵律的两岸空间形象展示面，促进滨水公共活力的提升。腹地空间积极促进用地功能混合，打造商业文创、生活居住和教育科研三大复合组团，实现组

图 6.7　张家塘港现状水闸位于植物园内

团内部功能多样化及设施共享化。推动两岸既有的上海图书馆龙吴路书库、上海博物馆文物保护科技中心等设施资源整合利用，结合片区整体更新，植入公园广场、社区中心等公共活动空间，通过水岸空间公共活力的复兴，带动腹地社区公共资源连片发展（图6.8）。

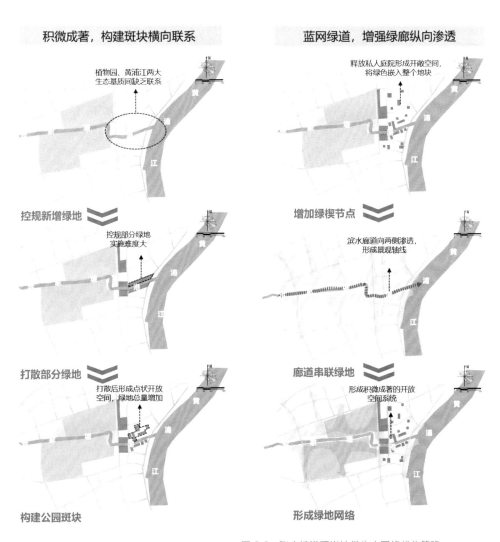

图 6.8　张家塘港两岸地带生态网络优化策略

6.2　滨水社区的公共性植入

在"15分钟社区生活圈"持续推进的背景下，社区的公共性功能成为衡量生活便捷度与幸福感的重点。通过空间开放、设施改造及功能植入等更新方式优化社区的空间布局、提升社区活力是目前大多数社区更新补充社区公共性功能的主要路径。而滨水社区由于区位特征，拥有优越的自然环境与交通条件，同时也承担着丰富城市功能、提升城市形象与空间品质、促进社会交流和增强社区凝聚力等重要使命。其公共性功能的植入形式与其所特有的文化要素相较于其他类型的社区会更加丰富。

在蒲汇塘两岸社区更新规划设计及沿线五街坊控制性详细规划调整项目中，正是强调了滨水用地公共性功能的释放，针对沿线多处规划公共绿地的现有权益人缺乏实施动力这一现实状况，协调相邻地块等多方主体的具体诉求，打破地块边界与公共绿地进行整体建设，尽可能多地确保公共绿地的实施，并让居民获得多样化的空间体验。结合其控规实施，蒲汇塘沿岸公共绿地近期可实施性明显提高，另增加1.8万平方米的公共服务设施和约570套租赁住宅。另外，与2021年上海城市空间艺术季活动相契合，蒲汇塘沿岸代表性的更新地块花鸟市场，成为2021年空间艺术季的实践案例展示地（图6.9）。

在浦东新区浦兴路街道社区规划项目中，则是通过对滨水地区空间挖潜，力求植入丰富的公共功能，来为城市居民提供多样化的服务，促进社区居民之间的交流与互动，增强社区凝聚力和归属感。

浦兴路街道位于浦东新区金桥—外高桥单元，于1997年正式挂牌成立，辖区总面积约6.25平方千米，下辖40个居委会，常住人口17.85万。浦兴路街道以原金桥镇、张桥镇、高行镇的不同村合并而成，人口密度大、来源多元、老龄化程度高。作为以居住功能为主导的社区类型，规划的着眼点更多关注于公共服务和社区管理，不断完善居民生活品质和公共空间环境品质。并特别注重对滨水开放空间可挖潜点位的开发和文化要素的特色强化。

　　浦兴路街道生态基底很好，现状河道水系与大型公共绿地资源丰富，拥有赵家沟、曹家沟、马家浜三条主要河道。同时，三条河道和沿线绿带也构成了浦兴路街道重要的公共空间网络骨架。与单元规划相比，现状滨河慢行连通性不足、与腹地联系不大、滨河第一界面公共性不强、跨河步行不友好、两岸空间活动割裂，中部缺少社区级公园等公共开放空间。现状滨河慢行网络体系有待完善，公共开放性有待加强。因此，促进滨水岸线贯通开放，挖潜点位植入公共功能，将有效促进社区更新和15分钟社区生活圈建设，带动社区空间的逐步焕新，不断提升社区生活的幸福感和满意度。

图 6.9　蒲汇塘两岸公共绿地的实施落实及花鸟市场地块

· 更新策略一：城中村拔点，推进滨河绿地实施建设。

浦兴路街道马家浜南岸，有一处居住了十几户人家的城中村名叫李家宅，上位规划是中环绿带，但因城中村拔点工作进展缓慢，带来了民生安全隐患和滨水空间杂乱封闭等种种问题。随着"两旧一村"工作的推进，2023 年 12 月，李家宅地块完成了征收清盘，浦兴路街道最后一个城中村拔点，随后滨河绿地也开始了施工建设。

在对绿地进行方案设计时，通过资料挖掘整理，梳理出包括上川铁路、金家桥等区域相关历史文化要素，并以"文化复兴"为理念，通过小品构建、古桥复建等方式将这些历史文化故事还原出来展示给公众。目标是把这片绿地打造成一个具有历史文化沉淀的滨水口袋公园，为周边居民提供有归属感的公共空间和休憩场所（图 6..10）。

图 6.10　浦兴路街道主要滨河绿地实施落地挖潜

· 更新策略二：沿岸公服设施落地，多元功能提升滨水开放度。

位于浦兴路街道中部的曹家沟，是黄浦江在浦东地区的支流，曾是一条通航河道，沿岸分布着工厂、仓库和码头等。随着产业功能不断退出，滨河岸线的封闭阻断、管养不足、公共性弱、与周边城市功能及居民生活互动不足等矛盾越发显现。

在对上位规划和周边道路分析后，发现街坊尺度过大（局部超过 600 米）、两岸空间连通性弱等问题，因此方案通过架空步行桥连接归昌路尽端改造后的圆形绿地广场，并跨河与南岸滨水绿地和规划社区公服设施串联，实现两岸公共空间的互通共享（图 6.11）。

在滨河公共空间的设计中，融合全民共享、关爱老年、儿童友好等设计理念，通过儿童活动场地、老人休憩和无障碍设施等多样化场地设计等，因地制宜地提升滨水地区的休闲开放性和步行友好性（图 6.12）。

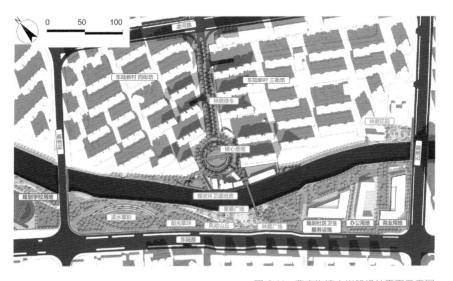

图 6.11 曹家沟滨水岸段设计平面示意图

图 6.12　曹家沟滨水公共空间设计意向图

6.3 新的建设与设施的结合

城市的发展过程中所需要配建的基础设施类型多、分布广，其中需要临水而建的包括污水处理厂、水质净化厂、泵站、闸口等。由于基础设施专业性强，空间相对独立，管理封闭，与社会生活和空间环境关系割裂，与城市发展和建筑风貌格格不入。随着上海进入新的发展阶段，用地资源愈发有限，人居环境品质提升的需求愈发增长，在保障各类市政设施安全性和功能性的基础上，需要不断统筹优化设施布局，促进市政专业的整合和与城市功能的融合。

对于滨水类的各类设施，可以将设施升级改造、用地集约整合、岸线贯通和街区绿色化、生态化更新相结合，贯穿可持续发展的理念，打造多元、包容、传承、面向未来的滨水综合更新街坊。

杨浦滨江可以说是这方面的典型成功案例。在杨浦滨江段贯通过程中，那些锈迹斑斑的桩基锚点、闸门缆墩等遗迹，成为新公共空间环境中的独特景观要素。例如，在杨浦水厂的改造中，将输水管外部的防撞桩顶部释放给城市公共空间，架设菠萝格硬木，形成了五百多米长的木栈桥。这样处理既不侵占江面面积，又不减少行水断面水流量。而高桩码头原为打捞局的作业码头，空间艺术季时艺术家在码头上做了地绘的大地艺术作品，平时向民众开放，分时共享，需要作业时可临时封闭。

杨浦滨江的贯通开放改造过程中，让基础设施从后台走向前台，使其融入城市公共空间当中，能跟日常生活更直接地紧密相关，为滨江公共空间赋予历史、人文和艺术价值，切实践行了"人民城市"的理念，也为后续基础设施的融合化、景观化发展提供了优秀的示范（图 6.13）。

（1）市政设施节地后的公共资源提供

当前，上海城市发展建设中的土地供需矛盾问题依然突出，土地利用质量仍有高低差距，还存在土地利用强度不充分、土地配置效率不协调、土地利用绩效不均衡等问题。根据市级集约节约用地的相关要求，加快盘活存量建设用地，推动城市有机更新，促进地下空间资源合理利用，大幅提高主城区、新城市政设施地下化比例，逐步推进现状市政基础设施的地下化改造。而在市政设施集约改造后释放的公共资源，尤其是土地与设施，则是带动滨水地区更新改造的又一重要契机。如长桥污水处理厂的节地利用为区域提供了住宅、公服配套、滨水绿地及公共通道等资源，优化了区域功能结构。

图 6.13　杨浦滨江公共空间中的基础设施复合利用

长桥污水处理厂位于徐汇区中部长桥街道、张家塘港北岸，靠近上海南站交通枢纽与中环，交通区位便捷，污水厂原用地面积约3.6公顷。根据《上海市污水处理系统及污泥处理处置规划（2017—2035年）》，长桥污水处理厂按要求进行功能调整，可作为暴雨、初期雨水的调蓄设施或雨水泵站设施用地。进行功能调整后，将有一定面积的土地节余出来，有利于长桥污水处理厂地下化的提标、增效工作，推动中心城区的土地资源节约利用，优化区域功能结构。

长桥污水处理厂与上海植物园位于同一个街坊，周边现状功能主要以居住、学校等为主，污水厂地块紧邻南侧的张家塘港和东侧的三友河，造成了滨水空间不贯通、与周边社区存在明显空间割裂等问题（图6.14）。

图 6.14　长桥污水处理厂现状

经过进一步研究，长桥污水处理厂通过将设施地下化、地面景观化等措施，将市政用地缩小到 2.76 公顷。节约出的用地与原规划中社区商业用地的部分用地整合后为 1.24 公顷，用于公共租赁住房建设，可提供约 760 套租赁住宅。另外，沿北侧罗城路将独立布局 0.18 公顷的社区公共服务设施，补充周边公共服务配套缺口，同时沿街公共界面的增加，将有效弱化市政基础设施与城市景观的不协调现象。

沿张家塘港的岸线景观，结合公租房地块方案，设计为公共开放的滨水绿地空间。此外，在公租房地块中预留出了一条 L 形公共通道，一方面解决向阳育才小学上下学时段的车辆停靠需求，另一方面提供了从罗城路至张家塘港滨河绿带的慢行路径（图 6.15）。

长桥污水处理厂的节地更新项目，构成推动张家塘港滨水地区土地资源节约利用的有益尝试，也对后续类似工作的开展具有示范意义。

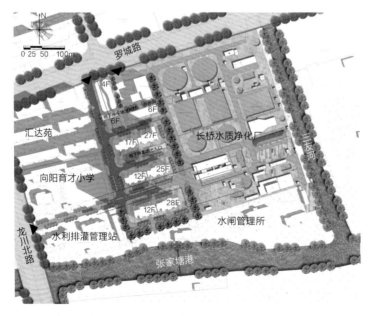

图 6.15　长桥污水处理厂节地更新方案示意

（2）转换使用"边角料"和消极空间

大型基础设施所能释放的公共资源的方式不仅限于设施的升级改造。由于设施本身工程结构形体单一、色调暗淡，其自身的"边角料"空间利用更是长久以来城市景观营造工作的痛点与重点，尤其是与滨水关系密切的桥下空间。滨水桥下空间具有相对独立的空间形态，常常是连接水体与城市空间的节点，具有较好的生态环境，可为市民提供接近自然的休闲空间。同时，桥下空间往往连接城市道路，交通便利，容易吸引人们驻足停留。基于这些特征，可以根据滨水地区的实际需求对桥下空间进行多功能开发，以提升滨水地区的整体形象，为居民提供更多的公共资源，改善生活环境、提高生活质量。以长宁区苏州河沿线桥下空间的更新为例，长宁区通过优化环境、增设设施、强化管理和引入文化元素等措施，有效改善了因桥下空间闲置、荒废给居民生活及城市景观造成困扰等问题。

长宁区苏河沿线的桥下空间，根据所在地区的特点及周边居民需求赋予了不同的主题。位于江苏北路跨苏州河桥下的"苏河超级管"的更新就以原本的桥柱结构、工业管道为设计主题，将各装置和结构都抽象设计为标志性的管道形态，强化了工业感，展现苏州河畔过往工业发展变迁的历史。同时，为满足市民游客的多元需求，更新设计通过打开原为市政道班房的封闭空间，为市民游客提供颇具艺术色彩的公共活动空间。位于北翟路哈密路附近的中环桥下空间则将被城市道路分割的三块场地进行整体设计，以动物形象为主题，通过合理规划空间布局，增加公共活动区域，如"火烈鸟"主题空间规划了体操房、滨河游憩通道及观河平台等；"斑马"主题空间则包含五人制足球场、景观公园及斑马纹铺装的艺术步道；"猎豹"主题空间分布在体育服务中心、篮球场等活动设施。不同空间的桥体、场馆及相应设施的铺装与彩绘都与主题相呼应。专业的运动场地和舒适有趣的环境，吸引了大量周边市民及全市的运动爱好者。

位于长宁路古北路的桥下空间以"西瓜红"为主题，以三角形为主要元素，设计了围挡、故事墙、"西瓜伞"和柱状道路指示标牌等设施，对桥下空间的交通组织进行优化，合理设置交通流线，提高通行效率。同时，夜晚的景观灯光，既为往来市民照亮通行道路，也成为吸引夜游市民的苏河靓丽岸线。位于万航渡路凯旋路附近的桥下空间则以"柠檬黄"为主题，设计了休闲健身、亲子娱乐等设施，为市民提供丰富多样的活动好去处（图6.16）。

长宁区桥下空间的更新是一个十分具有参考价值的滨水空间与设施更新结合的案例，它值得学习之处在于创意性的空间利用、社区参与和共建、多元化的功能布局、环保和可持续性及有效的管理与维护等方面，将消极空间改造成为富有积极乐观氛围的滨水新地标。

图 6.16　苏州河长宁段中环桥下空间改造

6.4 文化赋能点亮滨水生活场景

2010 年在黄浦江两岸举办的上海世博会，将上海的城市精神展现在全球公众的视野中，提升了上海在国际化大都市的地位。自 2015 年以来，秉承"城市让生活更美好"的世博精神，以"文化兴市、艺术建城"为理念，由市规划资源局和文化旅游局等合作主办的具有"国际性、公众性、实践性"的城市空间艺术品牌活动——"上海城市空间艺术季"，已历经五届八年。上海城市空间艺术季旨在通过双年展制的城市活动，激活城市消极空间，助推城市有机更新，实现高质量发展和高品质生活。空间艺术季的主题内容设计与城市发展轨迹密切结合，主展馆区域曾涉及徐汇滨江、浦东东岸、杨浦滨江等，滨水地区作为几届空间艺术季的重要场所，也体现了滨水地区对上海城市高质量发展的生动实践，以及对高品质生活和城市文化的激发与展示作用。

（1）打造彰显城市气质的人民城市公共空间

2019 年第三届上海城市空间艺术季关注"滨水空间为人类带来美好生活"，主展场选在了杨浦滨江 5.5 千米开放空间。区别于前两届，此次的主展场由点向线发展，展览从室内走向室外，把空间和艺术更大程度地往外辐射，让空间艺术与市民的休闲生活相结合。

在空间艺术季的推动下，滨江空间贯通和老建筑改造提速推进，两个巨大的船坞经过改造后对外开放。同时，在这段滨江空间中，国内外艺术家共创作了 20 件永久公共艺术作品，艺术为滨江添彩点亮。艺术季实现了艺术赋能，促进了环境与艺术的更好结合，滨江空间让市民可观赏、可品读、可互动、有艺术范儿，工业锈带华丽转型为艺术秀带。优秀的公共艺术作品可以赋予城市美好的精神力量，在抒发美的同时亦能体现出城市空间民主与共享的开放性态度。

2019 年 11 月，习近平总书记在上海考察期间，来到从"工业锈带"转向"生活秀带"的杨浦滨江公共空间指出，"城市归根结底是人民的城市、老百姓的幸福乐园。公共空间要扩大，公共空间要提质，让人民群众在这里有获得感，有幸福感。"城市公共空间规划建设直接反映城市治理现代化水平，空间艺术季通过艺术介入的方式，让居民把公共空间作为日常生活的客厅，也从另一方面提升了生活品质。

杨浦滨江是 20 世纪上半叶上海近代工业发展最早、最集中的地带，也是上海最大的工业区。针对杨浦滨江大量不同类型的工业遗产，采用"场景—建筑—构筑"相结合的活化利用策略，使不同空间形式匹配文化、商业、创意等多样化功能。杨浦滨江的毛麻仓库及其东侧的船坞等整个区域曾经是一个完整的厂区，于 1920 年由公和洋行设计。2019 年，作为上海城市空间艺术季的主场馆，毛麻仓库经改造后化身为文化艺术展示空间，而外部的船坞则成为艺术季开幕表演的舞台，整个展区体现了历史感、生态性、生活化、智慧型的滨江公共空间岸线特色（图 6.17）。

2021 年年初开放的杨浦滨江人民城市建设规划展示馆（"人人馆"），曾是始建于 1902 年的祥泰木行旧址。总建筑面积 1 410 平方米，为地上两层、地下一层建筑。展示馆是一处人人享有的公共开放空间，彰显着"人民城市为人民"的思想理念。距离展示馆不远还有一座"人人屋"，这里是杨浦滨江南段公共空间的一处滨江驿站。它是向每一位市民敞开的提供休憩驻留、日常服务、医疗救助、微型图书角的温暖小屋，故取名为人人屋。"人人屋"是杨浦滨江一个集文化和服务于一体的公共空间。它不仅是一个行人休息的驿站，更是一间以文化创意为主题，宣传人文滨江、传统文化的新型公共文化空间（图 6.18）。

图 6.17　2019 年上海城市空间艺术季杨浦滨江展区及儿童公益活动

图 6-18 "人人馆"与"人人屋"

（2）营造焕发社区记忆与归属感的生活水岸

围绕滨水公共空间在社区层面的塑造，着重关注于滨河腹地的城市更新与社区功能完善两个维度的有机结合。一方面在滨水地块更新中优先满足社区公共服务设施的增补，消除盲区，提升短板；另一方面，通过将滨水慢行系统与社区日常出行网络串联，将15分钟社区生活圈进一步扩展为滨水社区生活圈，强化"生态、民生、文化、开放"的理念，精细化城市规划管理工作的块面，促进社区规划和建设工作的有效推进（图6.19）。

2021年的第三届上海城市空间艺术季，徐汇展区以"花开蒲汇塘"为主题，将田林街道蒲汇塘作为本次展区的主会场，打造了滨水景观与公共空间融合的社区生活新场景，集中展示了田林社区及徐汇区"15分钟社区生活圈"的实践案例，呈现"宜居、宜业、宜游、宜学、宜养"美好社区生活场景。

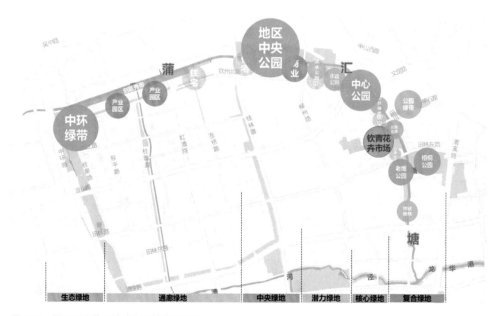

图6.19　徐汇区内蒲汇塘滨水公共空间骨架

蜿蜒流淌的蒲汇塘，是一条记录徐汇区田林地区发展变迁的重要河道。徐汇区田林街道成立于 1985 年，是上海市中心典型的综合性居住型社区。2019 年度因其较强的空间可塑性、规整的新村建制、一定量的可开发滨水用地，以及丰富的河道、公园、绿化、住宅小区和社区商业资源，成为徐汇 15 分钟社区生活圈的首个试点。其中的钦青花卉市场地块内，原为田林苗圃搭建的大棚构筑物，建筑质量差、安全隐患高、业态能级低，地块未得到充分利用。同时，钦青花卉市场地块享有全长约 360 米的滨水岸线，但是与水系相连的通道为苗圃及园林公司内部道路，居民使用度不高，"人 – 水"关系一度呈现出隔绝和疏离的状态。

规划更新首先从宏观的滨水地区的空间脉络出发，力图串联周边公共开放空间，形成以蒲汇塘沿线和中环绿带为主导的社区公共空间网络骨架。在中观视角，对原规划中蒲汇塘沿河绿地的实施难度进行分析，依此调整田林社区段蒲汇塘两岸的用地功能，保障绿地的可实施性，并发挥蒲汇塘两岸城市绿谷的功能作用。更新后，钦青花卉市场成为社区滨水生活新地标。去除杂乱无章的陈旧业态，保留部分花艺零售，注入文化新功能，打通滨河慢行通道，塑造滨水公共开放空间，同时，通过梳理现有的垂河廊道，纵向延伸滨水空间资源，将城市绿谷的生活画卷铺展于百姓的日常生活中。

徐汇主展区的钦青花卉市场，焕新为 8 600 平方米的多功能城市公共空间，由花房驿站、梦空间、共建花园、大地艺术田、小竹林、跨界花园、"在海上"大沙发等功能区域组成，通过不同分区的聚合展示，具象体现了滨水生活圈的场景缩影（图 6.20）。"花开蒲汇塘"倡导一种全新的生活方式，让自然回归到城市的环境，让文化重塑人们的日常生活。随之完成的还有蒲汇塘 2 千米滨水岸线的贯通开放，这里的居民们亲切地称蒲汇塘为"田林小滨江"（图 6.21）。

图 6.20　上海城市空间艺术季徐汇展区——"花开蒲汇塘"展区

图 6.21　蒲汇塘沿线已建成的滨水步道

结语
————
让城市滨水地区的
更新发展更有温度

当前多目标建构下的城市滨水地区更新，为人们提供重要的公共空间，承载地区特色与市民生活，激发城市活力，彰显城市形象与品质，促进城市高质量发展。而滨水地区更新改造与建设发展的方式还在不断发展和拓展，动因在不断变化，创新的模式也在不断显现。上海在城市滨水地区更新的多层次的规划设计实践行动，长期以来积累了许多有益的经验，不断改变和提升着人们的活动场所、生活方式，发展模式富有本土特色、创新特质，发挥的国际影响力也在不断加强。

从上海世博会提出"城市让生活更美好"的理念，到将展馆选择在黄浦江边从而全面开启"一江一河"贯通开放，再到黄浦江核心段45千米和苏州河中心城区42千米的岸线整治及功能提升完成，极大优化了城市的空间结构、功能布局、生态景观和人文风貌，为上海未来的发展奠定了新的基础框架，也全面开启了上海建设具有全球影响力的世界级滨水区的美好篇章，同时也进一步将滨水地区更新与建设发展的重心延伸至其他内河水系两岸地区。

新形势下上海滨水地区的规划设计与建设实施，要更加关注公益性城市功能的提供、重视公共休闲空间的融入、提升土地利用效率与资源价值，并尽可能多地让市民获得多样化的滨水空间体验；而由于滨水地区的规划建设往往具有一定的时间跨度，并关涉不同的管理部门和多层次的项目类型，聚焦一定区域、自上而下多层次推进落实的规划实践案例目前并不多见。本书正是重点结合上海多层次的规划设计与项目实践分析，从在地性的角度，探讨了多类型的滨水地区更新规划案例，提炼出滨水地区更新规划实践的三个类型——系统型、持续型、激活型，以及多元整合与价值提升双重策略视域，借由战略引导与整体更新、历史风貌提升与在地性介入、公共空间复兴与城市生活焕新等类型的聚焦滨水地区空间更新与规划引导的实践项目，从宏观到微观进行推展剖析，探索城市滨水地区复兴的本土策略与行动路径，以为滨水地区更新与建设发展提供参考例证、模式借鉴。

　　在今天，城市滨水地区的更新发展，一方面与城市格局、政策导向等的结合更加紧密，注重制定战略目标与行动计划，挖掘与整合滨水地区资源优势、区域特色，借助多个专项的深化研究与技术探索，促进整体格局与长远利益的实现，彰显战略引导与整合提升的行动特质。另一方面，无论是作为日常的生活方式、公共活动的舞台，还是生态环境调节地、历史人文再生地，借助一定区域或场所的要素组织、营造提升，以及代表性项目或重大城市事件的推进，可以借助激发性的、创新性的方式促成地区功能转化、发展转型，形成基因传承，以及更趋有机的针灸式介入。此外，结合滨水地区发展和功能演化，关注地域特征、生态环境、空间特色、历史文脉、景观风貌等，采取复合性的、针灸式的手段，使滨水地区的更新发展融入城市网络，促进可操作性与实效性，盘活存量、激发要素，以获得持续发展活力。

　　事实上，一定城市区域的开发建设往往关联人、空间及时间的多重维度，而由于人与水关系的密不可分，尤其是滨水生活在当今社会中构成不可或缺的角色，使得"以人为本"在滨水地区更新建设中的重要性尤为突出。与此同时，无论是借助用地腾让、引入新的功能，还是环境营造、塑造独特景观，滨水地区的更新建设都离不开对于空间要素更趋复合性的综合建构，试图满足人们对于生活环境的多元需求。与此同时，多元整合建构思路下的城市滨水地区建设与更新，则促使更多的公共空间、地区特色、多元活动生成，也使得市民的日常生活与之更为密切地关联起来——滨水地区往往成为区域重要的生活空间纽带，使人贴近自然，并为人们提供安全、舒适、健康和怡人的空间。可以说，滨水资源构成了人们满足美好生活的重要方面；如何将更多更好的滨水资源让渡于民，充分发挥滨水地区的社会、经济、人文等多元化价值，亦构成了滨水地区复兴的重要议题。

本书中所指的城市滨水地区复兴，正是在践行"人民城市"理念的背景下，更好顺应人民对美好生活的新期待，在更大范围实现高质量发展、创造高品质生活，全心全意为人民谋利益、谋幸福的又一次生动实践。本书中诸多规划设计实践案例，都与上海强化滨水地区建设的相关制度建设、政策导向与工作模式密切关联，也展现出上海实践在规划统筹与治理、设计向管理转译等方面的理念强化与制度创新。本书具有自身强烈的特点与优势，深度诠释了本土滨水地区建设与更新发展的规划设计实践案例，彰显民生导向、凸显本土特色，试图为滨水地区建设与更新提供可实施操作的具体指导，以及帮助理解城市滨水空间营造所关联的各层次的规划设计如何衔接、协作、融合，进而促进共生、共享，激发地区活力发展。

本质而言，当我们将城市滨水地区复兴置放于真实的生活场景、融入自然之中，这必然不仅仅是关于技术管控，或是对城市资源配置、经济价值的实现，而是承载了更深层次的社会和发展活力激发，以及可能的发展机遇、更美好未来生活的打造。恰如，在黄浦江，幻彩的岸线，翱翔的飞鸟，红儿绿女沿滩看，海纳百川塑新生；在苏州河，文化的脉络，生出的翅膀，一河两岸展画卷，草长莺飞寄乡愁……让生活回归水岸，让水岸拥抱生活。

参考文献

［1］ 上海市规划和自然资源管理局. 一江一河：上海城市滨水空间与建筑［M］. 上海：上海文化出版社，2022.

［2］ 莫霞. 城市设计与更新实践：探索上海卓越全球城市发展之路［M］. 上海：上海科学技术出版社，2020.

［3］ 莫霞. 冲突视野下的可持续城市设计：本土策略［M］. 上海：上海科学技术出版社，2019.

［4］ 徐毅松. 迈向卓越全球城市的世界级滨水区建设探索［J］. 上海城市规划，2018（6）：1-6.

［5］ 丁凡，伍江. 全球化背景下后工业城市水岸复兴机制研究——以上海黄浦江西岸为例［J］. 现代城市研究，2018（1）：25-34.

［6］ 上海市规划和自然资源局. 黄浦江、苏州河沿岸地区建设规划（2018—2035年）［R］. 2020.

［7］ 丁凡，伍江. 基于人民城市理念的上海黄浦江两岸公共性的探讨［J］. 中国名城，2024（38）：12-17.

［8］ 张玉鑫，奚东帆. 聚焦公共空间艺术，提升城市软实力——关于上海城市公共空间规划与建设的思考［J］. 上海城市规划，2013（6）：23-27.

［9］ 苏功洲，王嘉漉. 提升上海城市的环境品质——黄浦江两岸地区综合规划概述［J］. 城市规划汇刊，2002（3）：11-14.

［10］ 苏功洲. 发挥世博会对城市建设的持久推动作用［J］. 规划师，2006（7）：28.

［11］ 章明，张姿，张洁，等. 涤岸之兴——上海杨浦滨江南段滨水公共空间的复兴［J］. 建筑学报，2019（8）：16-26.

［12］ 王璐妍. 上海徐汇区"蓝色网络"系统规划与更新行动思考［J］. 规划师，2021（37）：82-87.

［13］王璐妍,莫霞."多维协同"模式下打造国际化滨河城市水岸——"一江一河"建构下的苏州河两岸地区更新框架思考［J］. 华建筑,2019（4）：24-29.

［14］赵宝静,朱剑豪,邹钧文. 水岸让城市更美好——黄浦江两岸地区规划建设的思考［J］. 建筑学报,2019（8）：127-130.

［15］邹钧文. 黄浦江45公里滨水公共空间贯通开放的规划回顾与思考［J］. 上海城市规划,2020（5）：46-51.

［16］张婷婷,王璐妍,魏沅. 上海张家塘港两岸地区更新规划策略［J］. 规划师,2021（37）：19-24.

［17］唐亚男,李琳,韩磊,等. 国外城市滨水空间转型发展研究综述与启示［J］. 地理科学进展,2022,41（6）：1123-1135.

［18］席珺琳,吴志峰,冼树章. 我国城市滨水空间的研究进展与展望［J］. 生态经济,2021,37（12）：224-229.

［19］谭峥. 有厚度的地表基础设施城市学视野下的都会滨水空间演进［J］. 时代建筑,2017（4）：6-15.

［20］王劲韬. 城市与水——滨水城市空间规划设计[M]. 南京：江苏科学技术出版社,2017.

［21］王亚峰. 与历史文脉相融共生的街区更新［J］. 建筑实践,2023（5）：88-89.

［22］萧一华. 上海市区志系列丛刊——徐汇区志[M]. 上海：上海社会科学院出版社,1997.

［23］Martin Prominski. 河流空间设计：城市河流规划策略、方法与案例[M]. 王秀蘅,王秋茹,王秀慧,等译. 北京：中国建筑工业出版社,2019.

［24］戚颖璞. 上海"一江一河"两岸新空间正被点亮［N］. 解放日报,2023-09-22.

［25］静安区规划和自然资源局,华东建筑设计研究院有限公司规划建筑设计院,上海广境规划设计有限公司. 苏州河静安段一河两岸城市设计［R］. 2017.

［26］徐汇区建设和交通委员会,华东建筑设计研究院有限公司规划建筑设计院. 张家塘港两岸更新方案研究［R］. 2019.

［27］徐汇区规划和自然资源局,华东建筑设计研究院有限公司规划建筑设计院. 徐汇区河道水系专项规划研究［R］. 2020.

［28］徐汇区规划和自然资源局,华东建筑设计研究院有限公司规划建筑设计院. 蒲汇塘两岸社区更新规划设计［R］. 2020.

［29］徐汇区规划和自然资源局,华东建筑设计研究院有限公司规划建筑设计院. 上海市徐汇区田林社区S030401、02单元控制性详细规划五街坊局部调整［R］. 2020.

［30］徐汇区规划和自然资源局,华东建筑设计研究院有限公司规划建筑设计院. 龙华港两岸更新研究及实施引导［R］. 2020.

［31］徐汇区规划和自然资源局,华东建筑设计研究院有限公司规划建筑设计院. 漕河泾港两岸更新研究及实施引导［R］. 2020.

［32］上海金山新城区建设发展有限公司,上海现代建筑规划设计研究院有限公司. 卫城滨水社区金山大道沿线风貌控制导则［R］. 2024.

［33］浦东新区规划和自然资源局,华东建筑设计研究院有限公司规划建筑设计院. 浦兴社区规划［R］. 2023.

［34］徐汇区建设和管理委员会,华东建筑设计研究院有限公司规划建筑设计院. 龙华污水厂与长桥污水厂节地利用方案研究［R］. 2022.

致　谢

　　滨水地区是城市公共空间体系的重要组成部分，也是当下城市更新的重要领域。其内容涵盖多专业、多领域、多类型的技术支持和政府决策，最终目的是实现城市滨水地区的多元发展和活力再造。我们团队近十年来一直积极参与城市更新各类型项目实践与一些课题研究，伴随着上海城市更新工作的持续推进，在专业领域和实践层面有所成长。团队注重对城市滨水地区既有经验的总结与思考，以为城市及区域的更新发展提供思路借鉴；而借助双重视阈的策略共构，着眼土地增效利用，生态性、在地性、公共性和历史人文性的强化，并提出多要素融合、多部门协动，来落实有效的规划传导、联动技术与决策等，可以为城市滨水区复兴的创新思路和方法提供参考。

　　本书涉及多类型、多层次的本土滨水地区更新与项目案例，并对制度背景、相关政策支持等予以关注，以更加深度地分析项目特色、解析关键技术策略。其中，很大一部分案例是团队近十年来推进和实操的，这些项目实践过程中也是受到了来自不同管理部门、业主方、专家前辈、同行朋友的大力支持和帮助，使得团队能够不断提升、前进。这本书可以说是过往工作的阶段性总结，同时也是开启新工作目标的又一个起点。

　　在本书出版之际，我们郑重感谢为其作序的行业前辈；感谢曾为本书相关内容给予指导与帮助的业内专家，如指导本书内容相关集团课题项目的苏功洲、陈青长、姚栋、杨明、顾力等专家学者；感谢高世昀、王欣、王潇、镇雪锋等业内领路人；感谢罗镔、魏沅、王慧莹、薛璇、陈喆、甘逸君、李琳、王怡菲、林泯含、汪傲利、赵子超、张玲帆、李磊、苏博昊、袁骊、亚萌、徐玉叶、吴桐、谷蒙欣等同事、朋友的支持和帮助；感谢为本书封面题字的书法家刘慈黎等。同时特别感谢为本书付梓耗费心力的上海科学技术出版社，感谢上海文化发展基金会图书出版专项基金的资助。

本书得以付梓，还要特别感谢华建集团现代院各位领导与同事的大力支持和帮助。正是借助集团、院的优势平台和多专业力量，我们得以不断深化专业知识，进一步提升，并尝试将科研与实践紧密结合，在日常工作中不断积淀、总结思考，关注城市更新发展过程中如何促进城市经济、社会与文化的整体可持续发展，希望多维度地记录和总结上海城市更新、滨水地区建设发展的鲜活实践，探索在上海这样的超大城市如何构建高品质生活空间，力求助力书写人民城市的"上海答卷"。

城市更新，历久弥新；从容沉淀，历久弥新。